初学者のための
ディジタル信号処理

著者：田中 賢一

JN028187

近代科学社Digital

まえがき

　信号処理とは，電気回路などの知識をベースとして，音声・画像処理のために大切な知識として位置づけられている．その知識を持ってフィルタの設計などを効率よく行うことができる．

　ところで，信号処理という枠組みの科目自体は，電子系もしくは情報系ではほぼ必須アイテムのひとつとされて久しい．また，大学生向けのテキストとしては従来良書と分類されるものも非常に多い．しかしながら，昨今，大学における入試形態の多様化や，カリキュラムの多様性も相まって，従来のテキストで講義を行うための数学的前提条件が十分に整っていない状態であることが非常に多いという声を多く聞くようになってきた．

　このことから，本書では，従来の信号処理のテキストにおける内容をできるだけ平易化することだけでなく，必要と思われる数学的なアプローチも随所に記載をして，理解しやすさに重きをおいた．したがって，高等学校で数学 III 程度の内容がある程度理解できるようであれば，十分に読み進められるように配慮していており，その補完として第 2 章において数学的な扱いをあえて示している．

　また，ディジタルフィルタだけでなく，実用上組み合わせて使用することから知っておくほうがよいと考えるアナログフィルタすなわち電気回路で構成される高域フィルタ，低域フィルタなどについても説明した．最終章では画像のディジタル処理の一部についても紹介し，昨今，多く出回っているアプリケーションプログラムにおける処理のあり方についても述べた．これらを通じて，信号処理をすることにより，ユーザにとって都合の良い信号を抽出し，パターン認識や各種メディア信号処理をすることが理解されれば幸いである．

　もちろん，本書で学習したならば，従来より存在する良書により，エンジニアとして必要なさらに高度な知識や教養を身につけて，社会に羽ばたいてほしいと願っている．

　さて，授業を行うにあたっては教員の裁量を最優先することは大切なことと承知しているが，もし，本書を用いて 90 分授業を 15 週かけて実施する場合には，第 2 章，第 4 章，第 10 章を 2 回の授業に分割して授業を行うことを想定している．特に第 2 章の扱いは受講者の習熟度にあわせて適宜調整されるものと考えている．

　著者の浅学非才を顧みず，伝統的な良書への橋渡しのつもりで執筆したが，自分で課題を見つけて回路を実装したり，アプリケーションプログラムを作成したり，さらに深い学びを得るための準備として参考になれば幸いである．

2022 年 2 月

田中 賢一

目次

第1章　ディジタル信号処理とは

第2章　数学的な基礎

第3章　ディジタル信号

第4章　信号処理システム

第5章　z 変換とシステムの伝達関数

第6章　システムの安定性と周波数特性

第7章　信号の周波数解析とサンプリング定理

第8章　アナログフィルタ

第9章　離散フーリエ変換

第1章

ディジタル信号処理とは

　本章では，ディジタル信号処理を学ぶにあたって，

1. ディジタル信号処理とは何か
2. 雑音の除去
3. 画像における階調濃度の変換
4. 画像における輪郭の尖鋭化
5. 画像の符号化

の観点からどのように実用に供しているかを説明するとともに，実際にどのようなことを学んでおく必要があるかを概説する.

1.1　ディジタル信号処理とは何か

　本書で扱うディジタル信号とは，信号をディジタル化したもの，すなわち，信号のとり得る値が 0 と 1 のような離散的な値で表現したものであるとともに，時間方向では 1 秒間に一定回数で標本化した信号のことである．

　そもそもディジタル信号処理とは，身近なところでいえば，

1. 音声処理
   - 雑音の除去（ノイズキャンセリングなど）
   - 話者認識（音声からのテキスト生成）
   - 音声合成（テキストからの音声生成）
   - 音質の変換（ボイスチェンジャーなど）
   - 符号化（情報量の削減）
2. 画像処理
   - 雑音の除去（ごま塩雑音やしみやしわの低減）
   - エッジ強調（輪郭抽出のようなパターン認識を行うための前処理）
   - パターン認識（形状などを判別）
   - 階調濃度の変換（プリンタへの表示）
   - 符号化（情報量の削減）
3. アナログ信号とディジタル信号との相互変換

などのように列挙されるところである．このような手法については，信号処理とかディジタル信号処理など標榜される科目の枠組みにおいて修得することで，その原理が理解できるようになると考えられる．

　本章においては，雑音の除去，画像における階調濃度の変換，画像における輪郭の尖鋭化，画像の符号化を例に概説しながら，科目修得への関連についても説明する．

1.2　雑音の除去

　信号処理といわれるところで最も身近にある例として，雑音の除去がある．音声であれば，本来再生されるべき音（信号：signal）以外に，チリチリと聞こえる音や，周囲の騒音などによる音などを総称して雑音 (noise) と呼ぶものとする．つまり，可聴音（人間の耳に聞こえる音）は，信号と雑音との和で表される[1]．

$$可聴音 = 信号\ (S) + 雑音\ (N) \tag{1.1}$$

　オーディオの世界ではノイズリダクションが高音質化に有効な一技術とされてきた．そして近年では，ノイズキャンセリング技術が実用に供するようになり，ヘッドフォンにノイズキャンセリングが実装されるといわれる製品も存在する．

---

[1]　人間の可聴周波数（人間の耳で聞くことのできる周波数）は 20Hz〜20kHz といわれており，すべての周波数帯を聞くとはできないとされている．

　ここで，ノイズキャンセリングの原理について概説する．

　図1.1に示すように，実際に耳へ聞こえてくる音があり，雑音は周囲から発生すると仮定する．このとき，周囲からの雑音をマイクで拾い，耳へ聞こえてくる音に対して，マイクで拾った雑音を差し引くことができれば，ノイズのない音をヘッドフォンから聴くことができると考えられる[2]．

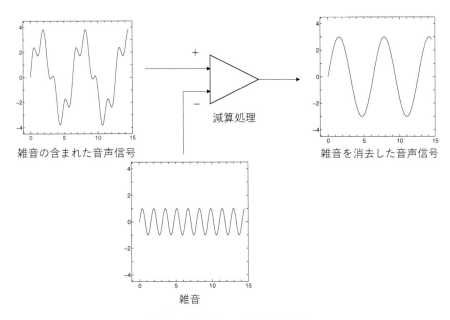

雑音の含まれた音声信号　　減算処理　　雑音を消去した音声信号

雑音

図1.1　ノイズキャンセリングの概念

　ここでは，正弦波の加え合わせという考え方で原理を示したが，この原理をしっかりと理解するためには，少なくとも三角関数についての知識が必要である．また，図1.1に示すような減算処理については，電子回路における演算増幅器（オペアンプ）の原理を理解する必要もあるだろう．

　ところで，先述の信号は正弦波をベースとした連続的な波形の信号，すなわちアナログ信号であった．一方，本書で扱うディジタル信号処理とは，図1.2(b)に示すような不連続点を含む信号すなわちディジタル信号を扱った信号処理である．

　そこで，この図1.1に示すような原理をディジタル信号に置き換えて考えるものとする．ここでは時間軸（グラフの横軸に相当する軸）にサンプリングした信号を扱うものとする．

　サンプリング（標本化）とは，時間軸方向に一定の周期で観測された値を示してゆくことで，結果としては図1.3のようになる．このサンプリングに関しては第7章で説明する．時間軸方向に離散的になるため，雑音は+1と−1とを交互にとることがわかる．この雑音の符号を反転させたものと雑音とを加え合わせると，図1.3の場合であれば常に0となる．この性質から，雑音成分がわかれば，それを打ち消すように加え合わせることで，雑音の除去ができることがわ

2　この説明はあくまでも平易に説明することに主眼を置いているので，厳密性はない．

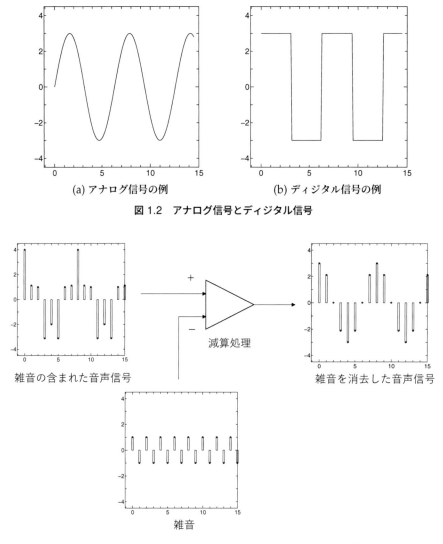

(a) アナログ信号の例　　　　　　(b) ディジタル信号の例

図 1.2　アナログ信号とディジタル信号

雑音の含まれた音声信号　　　　減算処理　　　　雑音を消去した音声信号

雑音

図 1.3　ノイズキャンセリングの概念（サンプリングした場合）

かる．

　図 1.4 に示すように，遅延器によって雑音の周期 $T = 2$ の半分 $T = 1$ なる遅延をさせ，実際の波形との加算処理を行うことによって，ひとつ前のサンプリング値との平均をとることによって，雑音の除去ができていることがわかる．

　ディジタル信号処理においては，複数の時刻における信号の値を加え合わせて平均化したり，任意の組合せをしたりすることで，雑音の除去や，エッジ強調などを行うことが可能となる．このことの詳細は第 4 章で説明する．

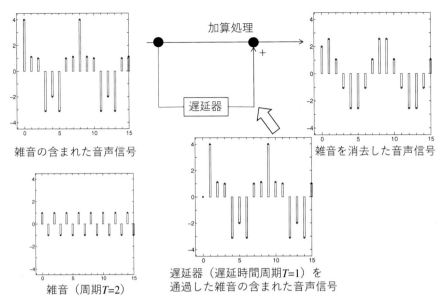

図 1.4 ノイズキャンセリングの概念（サンプリングして遅延器を用いた場合）

1.3 画像における階調濃度の変換

　一般的に画像処理にはさまざまな手法があるが，ここでは，概念として比較的わかりやすい，印刷のための階調数削減，輪郭抽出，ぼかし，について説明する．

　階調数削減とは，プリンタで印刷を行う際に，プリンタが持ち合わせている色（シアン：C，マゼンタ：M，イエロー：Y）で印刷可能となるようにフルカラー画像（一般的に 1677 万色といわれる）を 8 色にする処理である．また，濃淡画像（白から黒まで 256 階調の画像）の場合であれば白と黒の 2 階調に削減する処理である．

　図 1.5(a) は 256 階調の濃淡画像であり，映像情報メディア学会の "ITE 標準絵柄-ヘアーバンドの女性" ある．これをプリンタで表示するために白と黒だけで構成された画像（白黒 2 値画像）にする．濃淡画像は 256 階調（0～255 の整数）となっているため，各画素における階調濃度が 127 以下であれば 0，128 以上であれば 255 となるように 2 値化したものが図 1.5(b) である．これだと白と黒の中間的な部分をうまく表現できていないことがわかる．そこで，図 1.5(a) の原画像に周期的な雑音を重畳させて 2 値化したものが図 1.5(c) のようなものであり，この 2 値化の方法をディザ法と呼ぶ．このディザ法による 2 値画像には輪郭の部分がぼけて見えるという問題などがあったため，図 1.5(d) のような誤差拡散法による 2 値化を行うようになってきた．この誤差拡散法は，白か黒にする際に発生した誤差を量子化されていない画素へ繰り込む方式である．この部分において，これから学ぶ必要のある事項は，ディジタルフィルタに関する事項である．

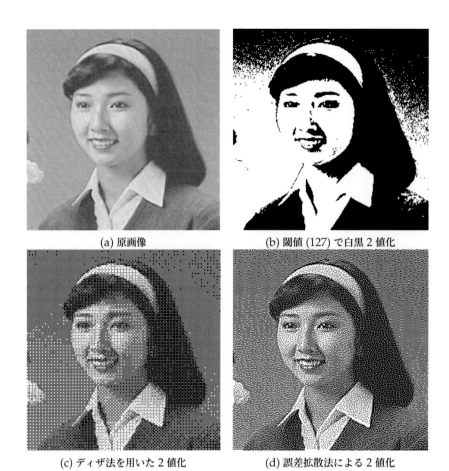

(a) 原画像　　　　　　　　　(b) 閾値 (127) で白黒 2 値化

(c) ディザ法を用いた 2 値化　　　(d) 誤差拡散法による 2 値化

図 1.5　アナログ信号とディジタル信号

1.4　画像における輪郭の尖鋭化

　ここでは画像における輪郭の尖鋭化について概説する．この画像の尖鋭化は，少しでも輪郭を明快にすることで画質を良好にしたり，パターン認識をする際に判別しやすくしたりするための処理として用いられる．

　図 1.6 は画像の処理として，ぼかしや尖鋭化などに関する結果を示している．ここで原画像は図 1.5(a) に示す映像情報メディア学会の "ITE 標準絵柄-ヘアーバンドの女性" である．

　図 1.6(a) は画像をぼかした例である．これはしわの除去などを目的とした処理の原理となるものである．

　図 1.6(b) は画像の x 軸方向における階調濃度変化がある部分が黒くなるようにしたものである．輪郭となる部分では階調濃度が大きく変化するので，階調濃度に関する微分をとればよいように思われるが，これでは十分な輪郭抽出がなされてるとはいえない．

　図 1.6(c) は画像のラプラシアン（x 軸方向および y 軸方向における 2 階偏微分）をとったものである．この場合だと，輪郭抽出がなされているといえる．この処理をベースとした輪郭線抽出

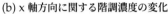
(a) ぼかし　　　　　　　　　　(b) x 軸方向に関する階調濃度の変化

(c) 輪郭流出　　　　　　　　　　(d) 輪郭の尖鋭化

図 1.6　画像処理の例（原画像は図 1.5(a)）

の後，パターン認識を行うという場合もある．

　図 1.6(d) は図 1.5(a) の輪郭をシャープに見えるように処理したものである．これは図 1.5(a) に図 1.6(c) をあわせたものとみることができる．

　このような輪郭抽出は，ぼけた画像から輪郭の部分を明瞭にするためであったり，塗り絵のための画像を生成したりするために有効とされる．またぼかしはしみやしわを除去したり，ある一定の情報が特定されないようにしたりするための処理などで用いられる．

1.5　画像の符号化

　たとえば，ディジタルカメラ，地上ディジタル放送，動画配信サービスなど課題のひとつは，それぞれの情報量の圧縮，すなわち，その情報におけるデータのサイズをいかに少なくするかということである．その成果として，高解像度でありながら高速転送が可能になるような符号化が行われ，4K 放送や 8K 放送も試験的に行われてくるようになった．また，昨今ではアプリケーションソフトウェアのような大容量のデータについては，CD-ROM や DVD のディスク媒体に

代わって，インターネットからのダウンロードによって取得するようになってきている．

　実際に，これらの情報はディジタル信号すなわち 0 と 1 とが並べられているだけで構成される情報によって作られている．

　アプリケーションソフトウェアについては，もともとのアプリケーションソフトウェアと同じ状態に復元できるような情報圧縮がなされる．このように圧縮後のデータから圧縮前のデータを完全復元できる符号化を可逆符号化と呼んでいる．

　一方，静止画像や動画像においては人間の眼に画質劣化が感じられない程度までに情報圧縮（情報量の削減）を行っている．これを，圧縮後のデータから圧縮前のデータには完全に復元できないものの人間が得たい程度の情報は復元可能という意味で，非可逆符号化と呼んでいる．

　これらのような情報圧縮技術により，通信におけるデータ量を少なくして，通信にかかるコストをできるだけ安価に抑えることができるといえる．

　実際の符号化技術そのものは，情報理論といわれる科目があればそこで扱われるのだが，そのベースとなる帯域という概念（一定時間にどの程度の情報量を流通させなければならないかという指標）も知る必要がある．このためにはスペクトル解析を行う必要があるが，ディジタル信号処理というなかではフーリエ変換を用いたスペクトル解析を理解することが先決となり，それについては第 9 章〜第 10 章で説明する．

　また，フーリエ変換の計算は非常に複雑でコンピュータ上では大変時間の掛かるプロセスであるといわれていることから，電子回路として実装可能なように計算方式を考える必要があるとともに，できるだけ簡素で高速計算が可能な計算方式を考える必要もある．そのために開発された計算方式が高速フーリエ変換である．

演習問題

問題 1.1

　一部の画像処理アプリケーションソフトウェアにおける機能として，画像の幾何学的形状を変化させる機能がある．どのような処理を加えて機能を実現しているか考察せよ．

問題 1.2

　画像の尖鋭化とぼかしについて，それぞれの長短を述べよ．

問題 1.3

　ハイレゾリューションオーディオにおける CD のフォーマットが 44.1kHz/16bit である理由を考察せよ．

第**2**章

数学的な基礎

　本章では，ディジタル信号処理を学ぶ上で必要な数学的扱いの理解を行う．すなわち，解析に必要な三角関数，複素数，微分，積分，級数などを理解して，後で述べる内容が理解できるようにすることが目的である．

　高等学校における数学 III や大学 1〜2 年次における微分積分などが理解できているならば，この章を読み飛ばしても特に問題ないと思われる．

2.1　複素数と三角関数

ディジタル信号処理では，電気回路で多用される記号法による計算を知っていると役に立つことが多い．この記号法は，交流電気回路における電圧電流の関係が定常状態であるという条件のもと複素数を用いることで，微分方程式で表現される式から簡便に計算ができる特徴がある．このような計算を行うためには，複素数と三角関数との両方がよく理解されることが肝要である．

2.1.1　複素数

実数 1 と（実数体上）線形独立な i が $i^2 = -1$ を満たすものとするとき，これを虚数単位という．ここで，a, b を実数として形式的に $a + bi$ の形に書かれる式を一種の数と見なして複素数と呼ぶ．

任意の実数 a は $a + 0i$ と同一視して，実数の全体は自然に複素数の全体に埋め込むことができる（この埋め込みは，四則演算および絶対値を保つという意味で，位相体の埋め込みである）．また任意の純虚数 bi は $0 + bi$ に同一視して複素数となる．

複素数 $z = a + bi$ に対して，

1. a を z の実部 (real part) といい，$\Re(z)$ などで表す．
2. b を z の虚部 (imaginary part) といい，$\Im(z)$ などで表す．ここで複素数の虚部は実数であって，虚数単位を含めた純虚数をいうのではないことに注意する．
3. 虚部が 0 でない，すなわち実数でない複素数のことを虚数という．
4. 実部が 0 である虚数は特に純虚数という．
5. 実部，虚部がともに整数のときガウス整数といい，その全体を $Z[i]$ と書く．
6. 実部，虚部がともに有理数のときガウス有理数といい，その全体を $Q(i)$ と表す．

複素数 $z = x + iy$ と 2 つの実数 x, y の組 (x, y) は 1 : 1 に対応するから，複素数全体からなる集合 C は，$z = x + iy$ を (x, y) と見なすことにより，図 2.1 に示すような座標平面と考えることができる．そこで C を複素数平面または単に数平面という．また，ガウス平面と呼ばれることもある．これと異なる語法として，C は複素数体上一次元のアフィン線形多様体であるので，複素直線とも呼ばれる．

数平面においては，x 座標が実部，y 座標が虚部に対応し，x 軸（横軸）を実軸，y 軸（縦軸）を虚軸と呼ぶ．

複素数 z, w に対して

$$d(z, w) = |z - w| \tag{2.1}$$

とすると，(C, d) は距離空間となる．この距離は，座標平面におけるユークリッド距離に対応する．複素平面は複素数の形式的な計算を視覚化でき，数の概念そのものを拡張した．

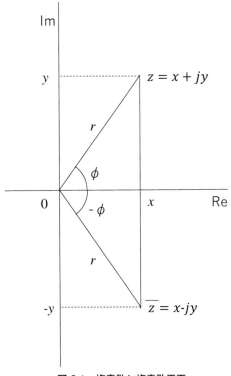

図 2.1 複素数と複素数平面

一般的に虚数単位は i で示されることが多いが，電気電子工学や情報工学の分野では，電流を表す変数として i を用いることから，これらを混同しないように虚数単位を j として表している．本書でも，その流れを汲んで虚数単位を j として表すこととする．

2.1.2 極座標形式

x 軸および y 軸をそれぞれ実軸および虚軸ととるのとは別の仕方で，複素数を複素数平面上の点 P として定義する方法として，原点 $O:(0,0)$ からの距離と，正の実軸（英語版）と線分 OP の見込む角を反時計回りに測ったものの対（P の極座標）を考えることが挙げられる．これにより，複素数の極座標形式の概念が導入される．

複素数 $z = x + yj$ の絶対値とは

$$r = |z| = \sqrt{x^2 + y^2} \tag{2.2}$$

で与えられる実数をいう．z が実数（つまり $y = 0$）のとき $r = |x|$ は実数の絶対値（$|x| = \max\{x, -x\}$）に一致する．一般の場合には，ピタゴラスの定理により，r は原点と z の表す点 P との距離に等しい．また，絶対値の平方は，自身とその共役複素数との積に等しい．すなわち複素数 z に対して

$$|z|^2 = z\bar{z} = x^2 + y^2 \tag{2.3}$$

が成り立つ．また，以下のような性質も成り立つ．

非退化性：$|z| = 0 \Leftrightarrow z = 0$

三角不等式：$|z + w| \geqq |z| + |w|$

乗法性：$|zw| = |z||w|$

2.1.3　三角関数

　三角関数とは，平面三角法における，角の大きさと線分の長さの関係を記述する関数の族および，それらを拡張して得られる関数の総称である．鋭角を扱う場合，三角関数の値は対応する直角三角形の二辺の長さの比であり，三角関数は三角比とも呼ばれる．三角法に由来する三角関数という呼び名のほかに，後述する単位円を用いた定義に由来する円関数という呼び名がある．

　三角関数には以下の 6 つがあり，図 2.2 にその関係を示す．

1. sin（正弦，sine）
2. sec（正割，secant）($\sec \theta = 1/\sin \theta$)
3. tan（正接，tangent）($\tan \theta = \sin \theta/\cos \theta$)
4. cos（余弦，cosine）
5. csc（余割，cosecant）($\csc \theta = 1/\cos \theta$)
6. cot（余接，cotangent）($\cot \theta = \cos \theta/\sin \theta$)

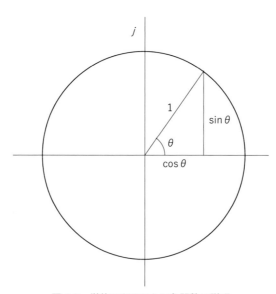

図 2.2　単位円を用いた三角関数の説明

　特に sin, cos は幾何学的にも解析学的にも良い性質を持っているので，さまざまな分野で用いられる．たとえば波や電気信号などは，正弦関数と余弦関数を組み合わせることで表現することができる．この事実はフーリエ級数およびフーリエ変換の理論として知られ，音声などの信号の合成や解析の手段として利用されている．他にもベクトルの外積や内積は正弦関数および余弦関数を用いて表すことができ，ベクトルを図形に対応づけることができる．初等的には，三角関数は実数を変数とする一変数関数として定義される．三角関数の変数の対応するものとしては，

図形のなす角度や，物体の回転角，波や信号のような周期的なものに対する位相などが挙げられる．

三角関数に用いられる独特な記法として，三角関数の累乗と逆関数に関するものがある．通常，関数 $f(x)$ の累乗は $(f(x))^2 = f(x) \cdot f(x)$ や $(f(x))^{-1} = 1/f(x)$ のように書くが，三角関数の累乗は $\sin^2 x$ のように書かれることが多い．逆関数については通常の記法 $(f^{-1}(x))$ と同じく，$\sin^{-1} x$ などと表す（この文脈ではしたがって，三角関数の逆数は分数を用いて $1/\sin x$ のように，あるいは $(\sin x)^{-1}$ などと表される）．文献あるいは著者によっては，通常の記法と三角関数に対する特殊な記法との混同を避けるため，三角関数の累乗を通常の関数と同様にすることがある．また，三角関数の逆関数として -1 と添え字する代わりに関数の頭に arc と付けることがある（たとえば sin の逆関数として $\sin^{-1}$ の代わりに arcsin を用いる）．

2.1.4 オイラーの公式

数学，特に複素解析におけるオイラーの公式 (Euler's formula) は，指数関数と三角関数の間に成り立つ以下の関係をいう．

$$e^{j\theta} = \cos\theta + j\sin\theta. \tag{2.4}$$

ここで e^θ は指数関数，j は虚数単位，$\cos\theta, \sin\theta$ はそれぞれ余弦関数および正弦関数である．任意の複素数 θ に対して成り立つ等式であるが，特に θ が実数である場合が重要でありよく使われる．θ が実数のとき，θ は複素数 $e^{j\theta}$ がなす複素平面上の偏角（角度 θ の単位はラジアン）に対応する．

オイラーの公式は，変数 θ が実数である場合には，右辺は実空間上で定義される通常の三角関数で表され，虚数の指数関数の実部と虚部がそれぞれ角度 θ に対応する余弦関数 cos と正弦関数 sin に等しいことを表す．このとき，偏角 θ をパラメータとする曲線 $e^{j\theta}$ は，複素平面上の単位円をなす．特に，$\theta = \pi$ のとき（すなわち偏角が 180 度のとき），

$$e^{j\pi} = -1 \tag{2.5}$$

となる．この関係はオイラーの等式 (Euler's identity) と呼ばれる．

2.2 極限

極限を求める式の一例として，

$$\lim_{x \to b}(x + a) = a + b \tag{2.6}$$

と書く場合，ここでは x を b に限りなく近づけたら，$x + a$ は $a + b$ に限りなく近づく，という意味を持つ．

また，∞ とは限りなく大きいことを表す記号である．したがって，$\infty + \infty = 2\infty$ と書くことはないので注意が必要である．特に，$\infty - \infty$，$\infty \times 0$，∞/∞，$0/0$ となる場合で極限を求めるときは，個々の問題によって工夫が必要であり，信号処理において是非知ってほしい式もこの極限を理解した上で利用することが求められる．

2.2.1 ∞ − ∞ の場合

例として，$\displaystyle\lim_{x\to\infty}(x^2-3x)$ を求める．

$$\lim_{x\to\infty}(x^2-3x) = \lim_{x\to\infty}x^2\left(1-\frac{3}{x}\right)$$
$$= \infty \tag{2.7}$$

この場合は，最高次数の項 x^2 でくくり出すことで，極限が求められる．

もうひとつの例として，$\displaystyle\lim_{x\to\infty}(\sqrt{x^2+x}-x)$ を求める．

$$\lim_{x\to\infty}(\sqrt{x^2+x}-x) = \lim_{x\to\infty}\frac{(\sqrt{x^2+x}-x)(\sqrt{x^2+x}+x)}{\sqrt{x^2+x}+x} = \lim_{x\to\infty}\frac{(x^2+x)-x^2}{\sqrt{x^2+x}+x}$$
$$= \lim_{x\to\infty}\frac{x}{\sqrt{x^2+x}+x} = \lim_{x\to\infty}\frac{1}{\sqrt{1+\frac{1}{x}}+1} = \lim_{x\to\infty}\frac{1}{1+1} = \frac{1}{2} \tag{2.8}$$

この場合は，分母子に $\sqrt{x^2+x}+x$ を掛けて分子を有理化し，分母子をともに最高次数の項 x でくくり出すことで，有限値の極限が求められる．

2.2.2 ロピタルの定理

ロピタルの定理は以下のように表現される．

1. 関数 $f(x)$，$g(x)$ が $x=a$ を含む区間 I で連続である[1]．
2. 区間 I の $x \neq a$ で微分可能かつ $g'(x) \neq 0$ である．
3. $\displaystyle\lim_{x\to a}f(x) = \lim_{x\to a}g(x) = 0$ または $\pm\infty$（0/0 または ∞/∞ の不定形）である．
4. $\displaystyle\lim_{x\to a}\frac{f'(x)}{g'(x)} = A\ (-\infty \leq A \leq \infty)$ が存在する．

上記 1.〜4. を満たすとき，$\displaystyle\lim_{x\to a}\frac{f(x)}{g(x)} = \lim_{x\to a}\frac{f'(x)}{g'(x)} = A$ が成り立つ．

ここで a が $\pm\infty$ や $a\pm0$ の場合であっても成り立つ．

さらに，4. を満たす限り，不定形が解消されるまで繰り返し適用することができる．

2.2.3 ∞/∞ の場合

例として，n を正の整数とした場合の $\displaystyle\lim_{x\to\infty}(x^n e^{-x})$ を求める．

$$\lim_{x\to\infty}(x^n e^{-x}) = \lim_{x\to\infty}\frac{x^n}{e^x} = \lim_{x\to\infty}\frac{nx^{n-1}}{e^x} = \cdots = \lim_{x\to\infty}\frac{n!}{e^x} = 0 \tag{2.9}$$

この場合は，ロピタルの定理を用いることにより容易に求めることができる．

2.2.4 0/0 の場合

例として，信号処理においては重要な関数である sinc 関数 $\left(\dfrac{\sin x}{x}\right)$ について，$\displaystyle\lim_{x\to0}\frac{\sin x}{x}$ を求める．

1　この $f'(x)$，$g'(x)$ は，それぞれ $f(x)$，$g(x)$ の導関数といわれるものであり，詳細は 2.3.3 項を参照されたい．

$$\lim_{x \to 0} \frac{\sin x}{x} = \lim_{x \to 0} \frac{\cos x}{1}$$
$$= 1 \tag{2.10}$$

この場合も，ロピタルの定理を用いれば容易に求めることができる．

2.2.5 はさみうちの原理

関数における "はさみうちの原理" は以下の通りである．

$f(x) \leq g(x) \leq h(x)$ かつ $\lim_{x \to A} f(x) = \lim_{x \to A} h(x) = \alpha$ なら $\lim_{x \to A} g(x) = \alpha$ となる．

以上のようなはさみうちの原理も，極限を求める際に有効な方法のひとつである．

適用例として，信号処理においては重要な関数である sinc 関数 $(\frac{\sin x}{x})$ について，$\lim_{x \to \infty} \frac{\sin x}{x}$ を求める．

この $\frac{\sin x}{x}$ の分子に着目すると，$-1 \leq \sin x \leq 1$ である．この性質を利用すると，$x > 0$ であるときに，

$$\frac{-1}{x} \leq \frac{\sin x}{x} \leq \frac{1}{x} \tag{2.11}$$

となり，この不等式の $\frac{-1}{x}$ ならびに $\frac{1}{x}$ は x を無限に大きくすると，ともに 0 となることから，その間にある $\frac{\sin x}{x}$ も 0 になるため，

$$\lim_{x \to \infty} \frac{\sin x}{x} = 0 \tag{2.12}$$

となる．

このようにはさみうちの原理を利用することによって極限が求められた[2]．

2.3 微分

一般的に「微分するとは，導関数を求めること」と高校生のとき以降より習ってきていることであろうが，このことを説明するために，

1. 平均変化率
2. 微分係数
3. 導関数
4. 微分する

の順に説明する．

---

[2] ここでは $x \to \infty$ の場合であれ，$x \to -\infty$ の場合であれ，分子の値が有限の値を持つことから，$\frac{\sin x}{x}$ は 0/0 や ∞/∞ のような不定形はとらないので，ロピタルの定理は適用できない．

2.3.1 平均変化率

図 2.3 に示すように，変数 x が a から b まで変化するとき，関数 $y = f(x)$ の平均変化率 $\Delta y/\Delta x$ は

$$\frac{\Delta y}{\Delta x} = \frac{y \text{ の増加量}}{x \text{ の増加量}} = \frac{f(b) - f(a)}{b - a} \tag{2.13}$$

である．すなわち，2 つの点 A$(a, f(a))$，B$(b, f(b))$ を通る直線の傾きを表すものを平均変化率という．

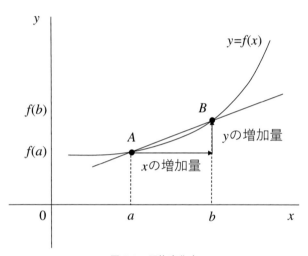

図 2.3　平均変化率

2.3.2 微分係数

先述の平均変化率において，b を限りなく a に近づけた値

$$f'(a) = \lim_{b \to a} \frac{f(b) - f(a)}{b - a} \tag{2.14}$$

を微分係数という．

図 2.4 において，2 つの点 A$(a, f(a))$，B$(b, f(b))$ を通る直線は，点 B を点 A に限りなく近づけたとき，点 A$(a, f(a))$ における接線に近づく．その結果，微分係数は関数 $y = f(x)$ のグラフにおける点 A$(a, f(a))$ における接線の傾きを表すということができる．

ここで b と a との差 $h = b - a$ とおくと，式 (2.14) は

$$f'(a) = \lim_{h \to 0} \frac{f(a + h) - f(a)}{h} \tag{2.15}$$

と書くことができる．

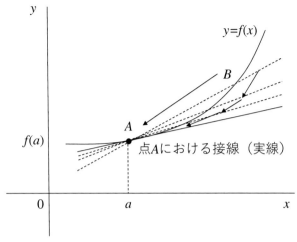

図 2.4　微分係数

2.3.3　導関数

微分係数 $f'(a)$ を求めるための式 (2.15) は，a を x 軸上のどこにとるかによって値が決まるので a の関数すなわち導関数と呼ぶ．ここで，改めて a を x とおくことで導関数 $f'(x)$ は，

$$f'(x) = \lim_{h \to 0} \frac{f(x+h) - f(x)}{h} \tag{2.16}$$

と書くことができる．このように，導関数とは微分係数が求められる関数のことをいう．詳しい導出は省略するが，主として用いる導関数は表 2.1 に示される．

表 2.1　導関数の例

関数 $f(x)$	導関数 $f'(x)$
x	1
x^n	nx^{n-1}
e^x	e^x
$\sin x$	$\cos x$
$\cos x$	$-\sin x$
$\log x$	$\dfrac{1}{n}$
$g(x)h(x)$	$g'(x)h(x) + g(x)h'(x)$
$f(g(x))$	$f'(g(x))g'(x)$
$\dfrac{1}{g(x)}$	$\dfrac{g'(x)}{(g(x))^2}$

2.3.4　微分するとは

微分するとは，導関数を求めることでもある．

ここで，図 2.5 に示すような曲線の関数を

$$y = f(x) \tag{2.17}$$

とすると，$f(x)$ の導関数 $f'(x)$ は，

$$y' = \frac{dy}{dx} = f'(x) = \frac{df(x)}{dx}$$

(2.18)

と表現される．

また，x として定数 a を代入したときの $f'(a)$ を微分係数と呼ぶ．

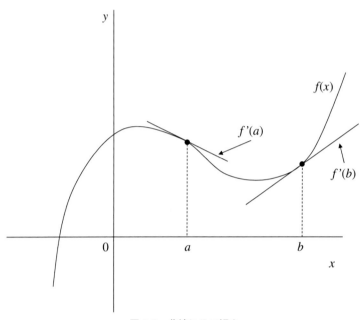

図 2.5　曲線とその傾き

2.4　積分

フーリエ変換や z 変換などを習得する際に必要となってくるのは積分である．ここでは，積分について，

1. 不定積分と定積分とのちがい
2. 積分の計算方法

について説明する．

2.4.1　不定積分

不定積分とは，微分すると $f'(x)$ になる関数 $f(x)$ のことである．すなわち，関数 $f'(x)$ の原始関数 $f(x)$ を求めることでもある．このことから関数と導関数との関係（たとえば表 2.1）がわかれば，不定積分を求めることができる．

たとえば，x^2 の不定積分は

$$\int x \, dx = \frac{1}{2}x^2 + C$$

(2.19)

と書くことができる．ここで C は積分定数である．

2.4.2 定積分

定積分とは，$y = f(x)$ と，$x = a$，$x = b$，x 軸で囲まれた面積を求めることとして考えられる．ただし，x 軸より下に存在する部分についてはマイナスの符号が付くものとして考える．

たとえば，$f(x)$ の導関数を $f'(x)$ とした場合であれば，

$$\int_a^b f'(x)dx = f(b) - f(a) \tag{2.20}$$

と書くことができる．不定積分に見られる積分定数 C は，この右辺で差がとられていることから存在しなくなる．

2.4.3 不定積分と定積分とのちがい

先述のことから，関数 $f(x)$ に対して，
- 不定積分とは，微分すると関数 $f(x)$ になる関数のこと
- 定積分とは，不定積分に積分区間の両端の値を代入した値の差のこと

ということができる．

2.4.4 積分の計算方法

ここでは不定積分におけるいろいろな計算方法について説明する．

関数の和

2 つの関数 $f(x)$ と $g(x)$ との和に関する不定積分は，

$$\int (f(x) + g(x))dx = \int f(x)dx + \int g(x)dx \tag{2.21}$$

として計算することができる．

関数の積（部分積分法）

2 つの関数 $f(x)$ と $g(x)$ との積に関する不定積分は，

$$\int f(x)g(x)dx = F(x)g(x) + \int F(x)g'(x)dx \tag{2.22}$$

として計算することができる．ただし，$F(x)$ は $f(x)$ の原始関数である．

例として，$\ln x$（底 e とした $\log_e x$ のことを $\ln x$ と書く）の不定積分を求める．この場合は，$f(x)$ を 1，$g(x)$ を $\ln x$ として計算すればよいので，

$$\begin{aligned}
\int \ln x\, dx &= x\ln x + \int x \cdot \frac{1}{x}dx \\
&= x(\ln x + 1) + C
\end{aligned} \tag{2.23}$$

となる．

合成関数（置換積分法）

変数 x について $x = g(t)$ とおくと，$dx = g'(t)dt$ の関係があるので，

$$\int f(x)dx = \int f(f(g(t))g'(t)dt \tag{2.24}$$

として計算することができる.

例として，区間 $(0 < x < 1)$ における $1/(1 + x^2)$ の定積分を求める. ここで，

$$x = \tan\theta = \frac{\sin\theta}{\cos\theta} \tag{2.25}$$

とおくと，

$$\frac{1}{1 + x^2} = \frac{1}{1 + \tan^2\theta} = \cos^2\theta \tag{2.26}$$

と書くことができる. また，式 (2.25) の両辺を微分すると

$$\frac{dx}{d\theta} = \frac{1}{\cos^2\theta} \tag{2.27}$$

と書くことができる[3]. ここで，区間 $(0 < x < 1)$ は区間 $(0 < \theta < \pi/4)$ と置き換えられるので，

$$\int_0^1 \frac{1}{1 + x^2}dx = \int_0^{\pi/4} \cos^2\theta \cdot \frac{1}{\cos^2\theta} \cdot d\theta = \int_0^{\pi/4} d\theta = \frac{\pi}{4} \tag{2.28}$$

となる.

2.5　数列と級数

ディジタル信号処理を学ぶ上では級数を用いた計算が多く現れるので，級数のことを理解することで，解析を行いやすくなる. ここでは，等比級数や関数の級数展開について説明する.

2.5.1　等比数列

まず，級数の例として，ディジタル信号処理のなかで多く出現する等比数列を考える. 信号そのものや z 変換が無限和の形で表現される場合があり，伝達関数やハードウェア構成を簡略化するために必要なものである. さて，この等比数列は，初項を a として公比 r とおけば，

$a, ar, ar^2, ar^3, ar^4 \cdots$

と表されるものである. このような数列の和を

$$\sum_{k=1}^n r^k ar^{k-1} = a + ar + ar^2 + ar\,3 + ar^4 + \cdots + ar^n \tag{2.29}$$

と書く. ここで，

3　式 (2.25) は $x = \dfrac{\sin\theta}{\cos\theta}$ として $f(\theta) = \cos\theta$ とすると，$\dfrac{\sin\theta}{\cos\theta} = \dfrac{-f'(\theta)}{f(\theta)}$ とおくことができる. このため，$\dfrac{dx}{d\theta} = \dfrac{1}{(f(\theta))^2} = \dfrac{1}{\cos^2\theta}$ と書くことができる.

$$(1-r)\sum_{k=1}^{n} r^{k-1} = (1-r)(1+r+r^2+r^3+r^4+\cdots+r^{n-1})$$

$$= (1+r+r^2+\cdots r^{n-1}) - r((1+r+r^2+\cdots r^{n-1}))$$

$$= 1 - r^n \tag{2.30}$$

となることから,

$$\sum_{k=1}^{n} ar^{k-1} = \frac{a(1-r^n)}{1-r} \tag{2.31}$$

と書くことができる.

$n \to \infty$ の場合は無限等比級数の和ということだが,特に $|r| < 1$ の場合は

$$\sum_{k=1}^{\infty} ar^{k-1} = \frac{a}{1-r} \tag{2.32}$$

と書くことができる.ただし,この無限等比級数の和が収束するのは $|r| < 1$ すなわち $-1 < r < 1$ の場合だけである.

2.5.2 関数の級数展開

関数を,ある一点での導関数の値から計算される項の無限和として表すことができる.そのような級数を得ることをテーラー展開という.

一般的には,変数 x の関数であるものとして,$x = a$ のまわりでのテーラー展開は

$$f(x-a) = \sum_{n=0}^{\infty} \frac{f^{(n)}(a)}{n!}(x-a)^n \tag{2.33}$$

と書くことができる.ここで $f^{(n)}(x)$ は $f(x)$ の n 次導関数のことで,$n!$ は n の階乗 $(n! = 1 \cdot 2 \cdot 3 \cdots n)$ である.

たとえば,これを利用して,e^x について $x = 0$ のまわりでのテーラー展開すなわちマクローリン展開は,

$$e^x = 1 + x + \frac{x^2}{2!} + \frac{x^3}{3!} + \frac{x^4}{4!} + \cdots$$

$$= \sum_{n=0}^{\infty} \frac{x^n}{n!} \tag{2.34}$$

と x の多項式で表すことができる.

プログラミングの際,このような展開をすることによって多くの関数における数値計算が可能となっている.

演習問題

問題 2.1

以下の複素数における絶対値と偏角を求めよ.

(1)　$e^{-\pi/3}$

(2)　$1 + e^{-\pi/3}$

(3)　$\dfrac{x + j3}{x - j3}$

(4)　$R + j\omega L + \dfrac{1}{j\omega C}$

問題 2.2

(1) $0 \leq \theta < 2\pi$ のとき $\sqrt{3}\cos\theta - \sin\theta = 1$ の θ を求めよ.

(2) $\sin\theta + \cos\theta = \dfrac{2}{3}$ のとき $\sin\theta\cos\theta$ を求めよ.

問題 2.3

以下の極限値を求めよ.

(1)　$\displaystyle\lim_{x \to 1} \log_2 x$

(2)　$\displaystyle\lim_{x \to 2} \dfrac{x^2 - 3x + 2}{x^2 - 4}$

(3)　$\displaystyle\lim_{x \to \infty} (\sqrt{x^2 + 3} - x)$

(4)　$\displaystyle\lim_{x \to \infty} \dfrac{\sin x}{x}$

問題 2.4

次の関数を微分せよ.

(1)　$y = (x + 1)(x - 1)$

(2)　$y = \dfrac{3x - 1}{x^2 - 5}$

(3)　$y = \dfrac{x^2 - 1}{x^2 + 1}$

(4)　$y = \dfrac{1}{x\sqrt{x}}$

(5)　$y = \sin(2 - 3x)$

(6)　$y = \tan(x - 2)$

(7)　$y = e^{2x+5}$

(8)　$y = e^{3x}\cos(2x + 1)$

(9)　$y = 5^x$

問題 2.5

以下の不定積分を求めよ.

(1)　$\displaystyle\int (2x^3 + 3x^2 - 4x + 5)dx$

(2)　$\displaystyle\int \dfrac{2}{\sqrt[3]{2x + 3}}dx$

(3)　$\displaystyle\int \{2\cos(4x + 1) - \sin 2x\}dx$

(4)　$\displaystyle\int \dfrac{e^{2x} + e^{-2x}}{e^x}dx$

(5)　$\displaystyle\int \tan^2 2x\,dx$

(6)　$\displaystyle\int e^{ax}\sin bx\,dx$

問題 2.6

以下の定積分の値を求めよ.

(1) $\displaystyle \int_{-1}^{3} (x^3 - 2x^2 - 3x + 1)dx$

(2) $\displaystyle \int_{1}^{4} \left(\sqrt{x} + \frac{1}{x} \right) dx$

(3) $\displaystyle \int_{0}^{\frac{\pi}{3}} (2\sin x - \cos 2x)dx$

(4) $\displaystyle \int_{-2}^{2} (e^x - e^{-x})dx$

(5) $\displaystyle \int_{1}^{\sqrt{3}} \frac{dx}{\sqrt{4 - 3x^2}}$

(6) $\displaystyle \int_{0}^{1} \frac{dx}{3 + x^2}$

問題 2.7

以下の無限級数について収束するようであればその和を求めよ.

(1) $1 + z^{-1} + z^{-2} + z^{-3} + \cdots$

(2) $1 - \dfrac{1}{3} + \dfrac{1}{9} + \dfrac{1}{27} + \cdots$

問題 2.8

以下の関数についてマクローリン展開せよ.

(1) $\cos x$

(2) $\sin x$

(3) $\log(1 + x)$ $(-1 < x \leq 1)$

第3章

ディジタル信号

本章では，ディジタル信号処理の説明を行うに
あたって基礎中の基礎ともいえる
1. アナログ信号とディジタル信号とのちがい
2. 信号の表現方法
の観点から説明する.

3.1　アナログ信号とディジタル信号

　自然界には種々の信号が存在し，われわれに重要な情報を常に与えている．たとえば，会話においては音声情報が，そして眼に見えてくる情報としては画像情報が不可欠のものである．また，脳波や心電図は身体の健康状態を知るための位置情報であるし，地震波は地震の震源地や規模に関する情報である．このような自然界における信号は，本来，すべてアナログ信号 (analog singal) である．

　ところが，近年，このような信号はコンピュータなどに代表されるようなディジタル回路で処理されることが多い[1]．これは，アナログ回路による処理と比較して，ディジタル回路による処理すなわちディジタル信号処理 (digital signal processing) には，多くの利点があるとされているためである．

　ディジタル信号処理とは，本来アナログ信号であったものを，ディジタル信号に変換し，コンピュータやディジタル回路を用いて代数的演算（加減算，乗除算）によって処理する方式であり，図 3.1 にその流れを示す．コンピュータはアナログ信号を取り扱うことができないので，アナログ信号をディジタル信号に変換し[2]，処理を行うのである．

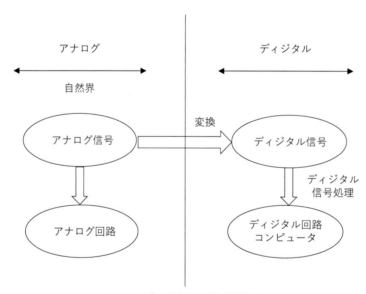

図 3.1　ディジタル信号処理の流れ

3.1.1　信号のサンプリングと量子化

正弦波信号

　例として，図 3.2(a) の信号 $x(t)$ を考える．この信号は，

1　digital という言葉をかな表記する場合，電気・電子・情報の分野において，また日本工業規格 (JIS) であれば，ディジタルと記すことが一般的である．

2　アナログ信号をディジタル信号に変換することを，A-D 変換という．A は Analog, D は Digital を意味する．

$$x(t) = A \sin(\Omega t + \theta) \tag{3.1}$$

と表現され，正弦波信号と呼ばれる．ただし，t は時間（単位は秒：second,sec と記される）であり，Ω は角周波数であり，

$$\Omega = 2\pi F \quad [\text{rad/sec}] \tag{3.2}$$

$$F = 1/T \quad [\text{Hz}] \tag{3.3}$$

の関係にある．ここで，T は正弦波の周期（単位は秒），$F = 1/T$ は周波数（単位は Hz（ヘルツ））である．角度の単位はラジアン（radian,rad と記される）であり，360 度であれば $2\pi[\text{rad}]$ である．また，A は大きさ（あるいは振幅）であり，θ は初期位相（単位はラジアン）である．

図 3.2(a) の信号は，式 (3.1) において，$A = 2$，$F = 1\text{Hz}$，$\theta = 0\text{rad}$ と選んだ場合に相当するので，

$$x(t) = 2 \sin(2\pi t) \tag{3.4}$$

と表現することができる．信号はすべての時間で定義され，大きさが 2 から −2 の範囲で周期的に変化している様子が確認される．

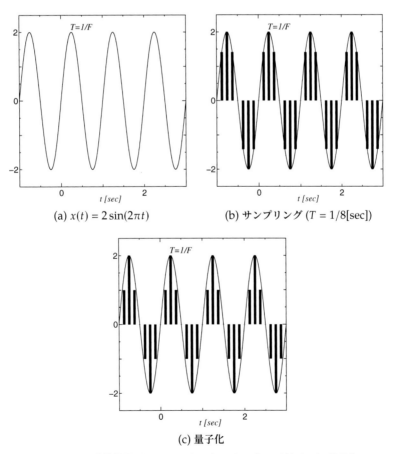

(a) $x(t) = 2 \sin(2\pi t)$ (b) サンプリング（$T = 1/8[\text{sec}]$）

(c) 量子化

図 3.2 　正弦波信号 $x(t) = 2 \sin(2\pi t)$ とサンプリングならびに量子化

サンプリング

　正弦波信号 $x(t)$ から離散的な時間を抽出する操作，すなわち，図 3.2(a) の波形から図 3.2(b) を信号を得る操作のことをサンプリング（sampling，標本化）と呼ぶ．アナログ信号をディジタル信号に変換する際に，最初の段階で必要な操作である．

　このサンプリングの操作は，一定の時間間隔 T_s（これをサンプリング周期 (sampling period) またはサンプリング間隔と呼ぶ）で実行される．また，T_s の逆数である

$$F_s = 1/T_s \tag{3.5}$$

$$\Omega_s = 2\pi F_s \tag{3.6}$$

について，F_s をサンプリング周波数 (sampling frequency)，Ω_s をサンプリング角周波数 (sampling angular frequency) と呼ぶ．サンプリングを行う際に，サンプリング周波数 F_s をどのような値に選ぶのか，言い換えれば，どのような細かさで信号をサンプリングするかは，実際問題として，非常に重要な課題である．

量子化

　アナログ信号をディジタル信号に変換する際に，サンプリング操作の次に必要な処理は，量子化 (quantization) である．これは，各サンプル値をたとえば 4bit や 8bit などのように，有限な桁数の 2 進数で表すための操作である[3]．

　ところで，図 3.2(a) の信号を見ると，$x(t)$ の大きさの上限は 2 であり，$x(t)$ の大きさの下限は −2 と決まっている．つまり，$-2 \le x(t) \le 2$ である．しかしながら，各時刻での入力信号 $x(t)$ の値は実数をとるために，無限個の種類の値が存在することから，これを 2 進数で表現することは困難である．

　図 3.2(b) の各サンプル値を 5 種類の値 $(-2, -1, 0, 1, 2)$ を用いて実現する場合，5 種類の値の組み合わせでもあることから 3 ビットの 2 進数で表すことができる．しかし，このサンプル値は，この 5 種類の値に等しいとは限らないので，各サンプル値に近い値を 5 種類の値から選び出して，その値によってサンプル値を置き換えるのである．この操作を量子化と呼ぶが，具体的な方法のひとつは，図 3.2(c) のように，各サンプル値を小数点第 1 位で四捨五入して，5 種類の値に置き換えることである．それを式として表現すると，

$$s(nT_s) = \text{round}\left[\frac{x(nT_s)}{\Delta}\right] \tag{3.7}$$

のようになる．ここで round[y] は，値 y を小数点以下四捨五入する操作という意味であり，Δ は量子化ステップである．この例の場合であれば，−2 〜 2 までの間で 1 刻みの間隔であることから $\Delta = 1$ である．また，この量子化を行うときに発生する誤差 $x(nT_s) - s(nT_s)$ を量子化誤差 (quantization error) と呼ぶ．

3.1.2　信号の分類

　信号のサンプリングと量子化について先述したので，いったん，時間と信号の大きさに関する

---

[3]　1 ビットの 2 進数であれば 0 と 1 との組合せで 2 通りである．ところで，2 ビットの 2 進数であれば $2^2 = 4$ 通りの組合せまでしか表すことができないが，3 ビットの 2 進数であれば $2^3 = 8$ 通りの組合せまでを表すことができる．

表 3.1　信号の分類

		大きさ	
		連続	離散
時間	連続	アナログ信号	多値信号
		連続時間信号	
	離散	サンプル値信号	ディジタル信号
		離散時間信号	

連続性について着目すると，表 3.1 のように分類される．

　ここで，大きさが離散的であるとは，大きさを有限桁の 2 進数で表現できるという意味である．時間に関して連続的であれば連続時間信号 (continuance-time signal) と呼び，アナログ信号と多値信号とを総称している．一方，時間に対して離散的であれば離散時間信号 (discrete-time signal) と呼び，サンプル値信号とディジタル信号とを総称している．

　信号処理の内容を講述するにあたっては，多くの場合，サンプル値信号とディジタル信号とを区別せず，離散時間信号という表現を用いることが多く，本書でもこの表現をしばしば用いている．

3.2　信号の表現法

　ここでは離散時間信号の数式表現について説明する．

3.2.1　離散時間信号の表現

　引き続き，図 3.2(a) の正弦波信号を例にして，離散時間信号の数式表現を導く．図 3.2(a) の正弦波信号は，

$$x(t) = A \sin(\Omega t) \tag{3.8}$$

と表現される．いま，サンプリング周期 T_s でこの信号をサンプリングするとき，図 3.3(a) の信号が生成される．この離散信号の表現は，式 (3.8) の時間 t に離散時間 nT_s(n:整数) を代入することにより，

$$x(nT_s) = A \sin(\Omega nT_s) \tag{3.9}$$

と表現される．ここで，n の値を $0,1,2,\cdots$ と選ぶことにより，各サンプル値が対応する．

3.2.2　信号の正規化表現

　ここで，式 (3.9) の離散時間信号を，より簡潔に表現するために，

$$x(n) = A \sin(\omega n) \tag{3.10}$$

と表す．この表現を離散時間信号の正規化表現という．ここで，式 (3.9) と式 (3.10) には，2 つの相違点が見られることがわかる．

第 1 の相違点は，サンプリング周期 T_s が式 (3.10) のなかで省略されていることである．これは，図 3.3(b) に示すように時間 t を整数 n で置き換え，各サンプル値に番号を付した時系列としての表現を意味する．

第 2 の相違点は，角周波数 ω の扱いである．これは，角周波数 $\Omega = 2\pi F$ と，

$$\omega = \Omega T_s = \Omega/F_s [\text{rad}] \tag{3.11}$$

$$f = \frac{\omega}{2\pi} = \frac{F}{F_s} \tag{3.12}$$

の関係にある．つまり，非正規化表現 (Ω, F) をサンプリング周波数 F_s で割った表現であると解釈することができる．ここで，ω を正規角周波数 (normalized angular frequency) と呼ぶ．これはサンプリング周期あたりの角度に相当するもので，単位は [rad] である．また，f を正規化周波数とよび，式 (3.12) に示されるように，通常は無次元である．

本書においては，正規化表現を (f, ω)，非正規化表現を (Ω, F) により表現するものとして，議論を進めるものとする．

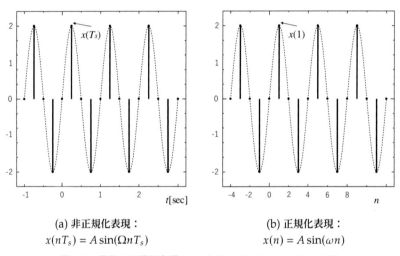

(a) 非正規化表現：
$x(nT_s) = A\sin(\Omega nT_s)$

(b) 正規化表現：
$x(n) = A\sin(\omega n)$

図 3.3　信号の正規化表現 $(A = 2, \Omega = 2\pi F, F = 1, T_S = 1/4)$

3.3　信号の処理手順

ここでは，信号をディジタル信号として処理するための手順を示し，アナログ信号処理と比較したディジタル信号処理の利点を示す．

3.3.1　ディジタル信号処理の処理手順

図 3.4 は，ディジタル信号処理における標準的な処理手順を示したものである．この処理手順の概略は以下の通りである．

1. アナログフィルタ（低域フィルタ）によって，アナログ信号の高周波成分を除去する．

2. 帯域制限されたアナログ信号を，A-D（アナログ – ディジタル）変換器によりディジタル
信号に変換する．

3. ディジタルシステムによって，目的である信号処理を行う．

4. D-A（ディジタル – アナログ）変換器によって，アナログ信号に戻す．

5. アナログフィルタ（低域フィルタ）を用いて，信号を平滑化する．

　上記のような手順によるディジタル信号処理の詳細を学ぶということは，これらの処理順の
必要性や，各処理における具体的実行法を学ぶことでもある．これらの詳細は章を改めて説明
する．

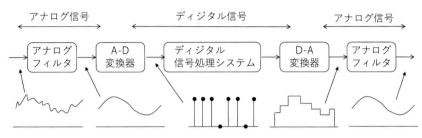

図 3.4　ディジタル信号処理の処理手順

3.3.2　ディジタル信号処理の利点

　ディジタル信号処理は，アナログ信号処理と比較して，主に以下に示すような優れた特徴を
持っている．

1. 経済性と信頼性の向上
ディジタル信号処理の技術は，高精度で信頼性の高い製品を経済的に開発することが可能と
なる．具体的には以下の通りである．
   (a) LSI 技術に基づくことにより，大量生産の際の製品の低価格化が可能
   (b) LSI 技術により，製品の小型化，高信頼化が可能
   (c) ディジタルという観点から，温度変化や経年変化に対して安定性が向上
   (d) ソフトウェアの併用により，仕様の変更や開発期間の短縮が可能

2. 信号処理の多様化
アナログ信号処理では，以下のような複雑で困難な処理を行うことができる．
   (a) コンピュータやディジタルメモリを用いた，複雑で汎用性の高い処理
   (b) データの圧縮，データのセキュリティ化など
   (c) 並列処理，非線形処理など

以上の特徴を考えると，ディジタル信号処理の内容を理解すれば，マルチメディア信号などの
処理も理解することが可能となるのである．

演習問題

問題 3.1

以下の信号を時間 n を横軸として図に示せ.

(1) $x(n) = -\delta(n+2) + 2\delta(n) + \delta(n-1) + \delta(n-1)$

(2) $x(n) = u(n) - u(n-3)$

(3) $x(n) = u(-n) - u(n+3)$

問題 3.2

サンプリング周波数 $F_s = 44.1\mathrm{kHz}$ の場合, サンプリング間隔 T_s はいくらか.

問題 3.3

図 3.4 においてアナログフィルタが用いられている理由を説明せよ.

第 4 章

信号処理システム

　種々の信号処理は，信号処理システムにより実現される．そこで，本章では離散時間信号を処理するシステムの考え方を導入する．本章で説明するシステムは線形時不変システムと呼ばれるもので，非常に多く応用されている．また，乗算器，加算器，減算器，遅延器を組み合せた構成となるため，ハードウェア，ソフトウェアのどちらでも実現可能である．

4.1　信号処理システムとは

ここでは，例として信号の平均値を計算する簡単な信号処理システムを考える．

4.1.1　3 点平均の処理システム

離散時間信号 $x(n)$ に対して，3 点平均を次々に計算し，その値 $y(n)$ を出力するシステムを考える．このシステムの入力信号 $x(n)$ と出力信号 $y(n)$ との関係は，次式のように表現される．

$$y(n) = \frac{1}{3}\{x(n) + x(n-1) + x(n-2)\} \tag{4.1}$$

この処理の概念を図 4.1 に示す．時刻 n を変えながら，平均値が次々に計算されていることがわかる．このような処理を 3 点移動平均と呼ぶこともある．ここで，時刻 $n-1$ は時刻 n より 1 つ過去の時刻を指す．

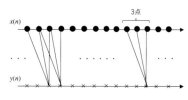

図 4.1　3 点平均の処理システム

式 (4.1) については，
1. 各信号値の加算：$x(n) + x(n-1) + x(n-2)$
2. 定数値の乗算：1/3 を掛けること
3. 過去の信号値を記憶し遅延させること：$x(n-1)$ と $x(n-2)$ の扱い

が組み合わさったものである．

この信号処理システムでは，各信号値の加算，定数値 1/3 の乗算，過去の信号値を記憶して遅延させる，という 3 種類の演算を用いている．この特徴は，この 3 点平均の処理システムだけでなく，後述のシステムでも成立する．

4.1.2　処理による結果のちがい

図 4.2(a) は，雑音を含んだ正弦波信号を示したものである．この信号に対して先述の 3 点平均を行った結果が図 4.2(b) である．また，図 4.2(c) は 9 点平均を行った結果を示している．3 点平均も 9 点平均もともに雑音の低減がなされていること，特に，9 点平均のほうが 3 点平均よりも雑音の低減効果が高いことがわかる．ところが，信号の大きさが変わり，位相が大きくずれていることも併せてわかる．このことから，

- 平均処理によって，信号の大きさが変わり，位相がずれる．
- 平均回数と，信号の大きさの変動と，位相のずれとの関係．
- 平均回数と雑音の低減効果の関係．
- 平均処理より，効果的な雑音の除去．

に関する疑問が発生するため，これらの疑問点を解決しながら，その処理を実際に行う信号処理システムを説明する．

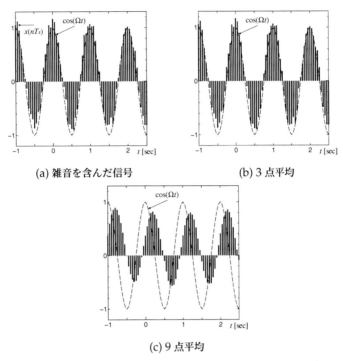

(a) 雑音を含んだ信号　　　　　　　　(b) 3 点平均

(c) 9 点平均

図 4.2　平均処理による雑音の除去例（$F = 1$[Hz]，$F_s = 20$[Hz]）

4.2　信号の例とその性質

4.2.1　正弦波

次式で表される信号は正弦波信号である．

$$x(n) = \sin(n\omega) \tag{4.2}$$

または

$$x(n) = \cos(n\omega) \tag{4.3}$$

ここで ω は正規化角周波数である．先述のように，$\omega = \Omega T_s$ の関係から，アナログ正弦波信号をサンプリング周期 T_s でサンプリングしたものと考えてよい．

4.2.2　複素正弦波信号

複素正弦波信号は，次式のように，複素平面上では半径 1 の単位円として表現されるものである．

$$x(n) = e^{j\omega n} = \cos(\omega n) + j\sin(\omega n) \tag{4.4}$$

この信号は $j = \sqrt{-1}$ を含むため，複素数である．この式はオイラーの公式と呼ばれる関係でもある．

4.2.3　単位ステップ信号 $u(n)$

単位ステップ信号は，図 4.3 で示されるように，$n \leq 0$ で 1 となるような信号である．

$$u(n) = \begin{cases} 1, & n \geq 0 \\ 0, & n < 0 \end{cases} \tag{4.5}$$

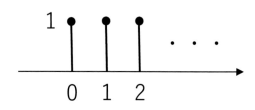

図 4.3　単位ステップ信号 $u(n)$

4.2.4　単位サンプル信号（インパルス）　$\delta(n)$

単位サンプル信号は，図 4.4 に示すように．$n = 0$ となるところだけ値が 1 をとり，他が 0 となる信号である．

$$\delta(n) = \begin{cases} 1, & n = 0 \\ 0, & n \neq 0 \end{cases} \tag{4.6}$$

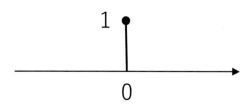

図 4.4　単位ステップ信号 $u(n)$

この単位サンプル信号のことを別名でインパルスとも呼ぶ．ここで δ はギリシャ文字のデルタの小文字である．

ところで，図 4.5(a) に示すように $\delta(n-2)$ であれば，インパルスの定義から，括弧内の $n-2$ が 0 となるところだけが 1 で，それ以外が 0 となる．

もし，次式のような信号の場合であれば，図 4.5(b) のように描くことができる．

$$x(n) = -\delta(n+1) + 2\delta(n) + \delta(n-2) \tag{4.7}$$

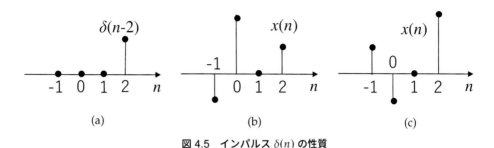

図 4.5　インパルス $\delta(n)$ の性質

　この例からわかるように，任意の信号 $x(n)$ を，インパルス $\delta(n)$ の時間 n をシフトして大きさに重みを付けて加えることによって，表現することができる．つまり，次式のように書くことができる[1]．

$$x(n) = \sum_{k=-\infty}^{\infty} x(k)\delta(n-k), \qquad x(n) : 任意の信号 \tag{4.8}$$

この式 (4.7) と式 (4.8) とを比較すると，

$$x(n) = x(-1)\delta(n+1) + x(0)\delta(n) + x(2)\delta(n-2) \tag{4.9}$$

と書けることから，$x(-1) = -1$，$x(0) = 1$，$x(2) = 2$ であることもわかる．すなわち，$x(-1)$，$x(0)$，$x(2)$ 以外では 0 の値をとることも併せてわかる．

　このように，任意の信号 $x(n)$ を表現できるというインパルスの性質は，これから後の説明を理解する上で重要なことである．

4.3　線形時不変システム

　信号処理システムにおいて最も重要なシステムは，線形時不変システムである．この線形時不変システムには，先述の 3 点平均の計算も含まれる．ここでは，線形時不変システムの概要，その表現法，重要性について説明する．

4.3.1　線形性と時不変性

　信号処理システムは，入力信号 $x(n)$ を他の信号 $y(n)$ に変換するものと考えることができる．そこで，図 4.6 に示すようにシステムを入力信号 $x(n)$ を出力信号 $y(n)$ に一意的に変換できるものと定義して，その関係を変換 (transform) という意味で，

---

[1]　たたみ込みの式 (4.8) は，積分の形で書き表すと $x(t) = \int_{-\infty}^{\infty} x(t)\delta(\tau - t)dt$ のような形式であり，$x(t)$，$\delta(t)$ ともに離散時間信号であるため，式 (4.8) に帰着する．

$$y(n) = T[x(n)] \tag{4.10}$$

と表すものとする．変換に際して，その拘束条件によって，システムを時不変システム，線形システムに分類することができる．

図 4.6　線形システムの一般的表現

時不変システム（シフト不変システム）

時不変システム (time-invariant system) は，シフト不変システム (shift-invariant system) ともいわれる．これは，ある入力 $x(n)$ に対応する出力を $y(n)$ とするときに次式の関係が成立するシステムである．

$$y(n - k) = T[x(n - k)] \tag{4.11}$$

ただし，k は任意の整数である．

これを図 4.7(a) の例を用いて具体的に説明する．図 4.7(a) において，信号 $x_1(n)$ をシステムに入力した場合に出力 $y_1(n)$ が得られると仮定する．時不変システムでは，図 4.7(b) のように入力が $x_2(n) = x_1(n - 1)$ すなわち時間方向に 1 だけシフトした場合には，同じ時間だけシフトした $y_2(n) = y_1(n - 1)$ が出力されるのである[2]．

線形システム

線形システム (linear system) とは，任意の入力 $x_1(n)$，$x_2(n)$ に対応する出力をそれぞれ $y_1(n) = T[x_1(c)]$，$y_2(n) = T[x_2(n)]$ とするとき，任意の定数 a，b に対して，次式のような関係が成立するシステムである．

$$
\begin{aligned}
T[ax_1(n) + bx_2(n)] &= T[ax_1(c)] + bT[ax_2(n)] \\
&= aT[x_1(c)] + bT[x_2(n)] \\
&= ay_1(n) + by_2(n)
\end{aligned}
\tag{4.12}
$$

2　この線形システムで述べる入力 $x_1(n)$，$x_2(n)$ は，時不変システムにおける $x_1(n)$，$x_2(n)$ と必ずしも同じ関数であるとは限らず，あくまでも任意の関数である．

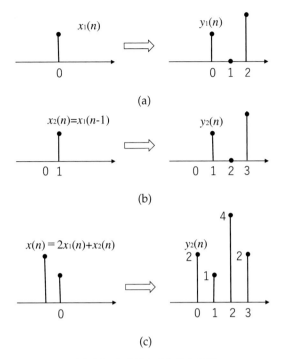

図 4.7　システムの入出力の例

このことを図 4.7(c) を用いて具体的に説明する．図 4.7(c) における入力 $x(n)$ は，次式のように $x_1(n)$ と $x_2(n)$ を用いて表現される．

$$x(n) = 2x_1(n) + x_2(n) \tag{4.13}$$

線形システムにおいては，$2x_1(n)$ に対する出力 $T[2x_1(n)]$ は，$y_1(n)$ の 2 倍となる．それを式で示すと，以下のようになる．

$$\begin{aligned} T[2x_1(n)] &= 2T[x_1(n)] \\ &= 2y_1(n) \end{aligned} \tag{4.14}$$

また，

$$y_2(n) = T[x_2(n)] \tag{4.15}$$

であることから，出力 $y(n)$ は個々の出力 $y_1(n)$，$y_2(n)$ の線形和となる次式のように表される．

$$y(n) = 2y_1(n) + y_2(n) \tag{4.16}$$

線形時不変システム

　線形時不変システム (linear time-invariant system) は，時不変性（式 (4.11)）と線形性（式 (4.13)）の条件を同時に満足するシステムのことである．

　ただし，時不変性の条件と線形性の条件とはそれぞれ独立な条件であるため，どちらかの条件しか満足しないシステムも存在する．

因果性システム

　因果性システム (causual system) とは，任意の時刻 n_0 における出力 $y(n_0)$ が，その時刻より過去の時刻 $n \le n_0$ だけの入力 $x(n)$ を用いて計算されるシステムである．

　特に，時系列として与えられるデータを次々に処理して出力する実時間システム (real-time system) の実現のためには，システムの因果性を満足することが重要である．

　たとえば，

$$y(n) = \frac{1}{3}\{x(n) + x(n-1) + x(n-2)\} \tag{4.17}$$

は因果性システムとなるが，

$$y(n) = \frac{1}{3}\{x(n+1) + x(n) + x(n-1)\} \tag{4.18}$$

は因果性システムではない．

4.3.2　インパルス応答とたたみ込み

インパルス応答

　線形時不変システムでは，システムにインパルス $\delta(n)$ を入力した場合，出力がわかると，任意の入力に対する出力を求めることができる．インパルスを入力した場合の出力 $h(n)$ を

$$h(n) = T[\delta(n)] \tag{4.19}$$

と書き，この出力 $h(n)$ をインパルス応答と呼ぶ．

たたみ込み

　線形時不変システムでは，任意の入力 $x(n)$ とそれに対応する出力 $y(n)$ との関係を，

$$y(n) = \sum_{k=-\infty}^{\infty} x(k)h(n-k) \tag{4.20}$$

と表すことができる．

　つまり，任意の入力 $x(n)$ とそれに対応する出力 $y(n)$ との関係は，インパルス応答からなるたたみ込みの計算によって導出される．このたたみ込み式を導出するにあたっては，線形性と時不変性の条件が必要である．まず，システムの入出力関係については，

$$y(n) = T[x(n)] \tag{4.21}$$

とおくことができるので，

$$x(n) = \sum_{k=-\infty}^{\infty} x(k)\delta(n-k), \qquad x(n) : 任意の信号 \tag{4.22}$$

を代入すると，

$$y(n) = T[\sum_{k=-\infty}^{\infty} x(k)\delta(n-k)] \tag{4.23}$$

である．ここで，線形性と時不変性の仮定は特段必要ない[3]．次に線形性を仮定すると，式 (4.23) は，

$$y(n) = T[\sum_{k=-\infty}^{\infty} x(k)\delta(n-k)] \tag{4.24}$$

$$= T[\cdots + x(0)\delta(n) + x(1)\delta(n-1) + \cdots] \tag{4.25}$$

$$= \cdots + T[x(0)\delta(n)] + T[x(1)\delta(n-1)] + \cdots \tag{4.26}$$

$$= \sum_{k=-\infty}^{\infty} T[x(k)\delta(n-k)]$$

$$= \sum_{k=-\infty}^{\infty} x(k)T[\delta(n-k)] \tag{4.27}$$

さらに，時不変性を仮定する．インパルス応答は，

$$h(n) = T[\delta(n)] \tag{4.28}$$

であるが，時不変性により，

$$h(n-k) = T[\delta(n-k)] \tag{4.29}$$

が成立する．これを式 (4.27) に代入すると，

$$y(n) = \sum_{k=-\infty}^{\infty} x(k)T[\delta(n-k)]$$

$$= \sum_{k=-\infty}^{\infty} x(k)h(n-k) \tag{4.30}$$

となるため，式 (4.20) のたたみ込みの式が示されたことになる．

4.4　システムの実現

ここでは，たたみ込みを計算する方法について述べることとする．どの方法でも線形時不変システムを実現できる．

4.4.1　たたみ込みの計算法

図 4.7 の入力信号 $x(n)$ と出力信号 $y(n)$ との関係について，出力信号 $y(n)$ は入力信号 $x(n)$ とインパルス $h(n)$ のたたみ込みによって得られることを説明する．

---

[3]　式 (4.12) のように，
$$T[ax_1(n) + bx_2(n)] = T[ax_1(c)] + T[bx_2(n)] = aT[x_1(c)] + bT[x_2(n)]$$
のような展開が式 (4.24)〜式 (4.27) で行われている．ここで，$x(k)$ は定数であることから変換 T の外に出すことができる．

入力信号 $x(n)$ で分割する

入力信号は,

$$x(n) = 2\delta(n) + \delta(n-1) \tag{4.31}$$

のように 2 つのインパルスを用いているので, 個々の信号に対する出力を求めて, その結果を加算すればよい. その結果,

$$
\begin{aligned}
y(n) &= T[2\delta(n) + \delta(n-1)] \\
&= 2T[\delta(n)] + T[\delta(n-1)] \\
&= 2h(n) + h(n-1)
\end{aligned}
\tag{4.32}
$$

となる.

たたみ込みの値を直接計算

図 4.7 に示すような入出力関係を持つシステムは

$$y(n) = x(n) + 2x(n-2) \tag{4.33}$$

と書くことができるので, 各時刻で計算すると,

$$
\left\{
\begin{aligned}
y(0) &= x(0) + 2x(-2) = 2 + 0 = 2 \\
y(1) &= x(1) + 2x(-1) = 1 + 0 = 1 \\
y(2) &= x(2) + 2x(0) = 0 + 2 \times 2 = 4 \\
y(3) &= x(3) + 2x(1) = 0 + 2 = 2 \\
y(4) &= x(4) + 2x(2) = 0 + 0 = 0 \\
&\cdots
\end{aligned}
\right.
\tag{4.34}
$$

となる. この結果も式 (4.32) の結果と一致する.

多項式積としての計算

ここでは z 変換を用いる. $x(n),\ h(n)$ を z 変換して, 次式のような多項式を得る.

$$X(z) = 2 + z^{-1} \tag{4.35}$$

$$H(z) = 1 + 2z^{-2} \tag{4.36}$$

ここで, $y(n)$ の z 変換 $Y(z)$ は,

$$
\begin{aligned}
Y(z) &= H(z)X(z) \\
&= (1 + 2z^{-2})(2 + z^{-1}) \\
&= 2 + z^{-1} + 4z^{-2} + 2z^{-3}
\end{aligned}
\tag{4.37}
$$

となる. z^{-n} の係数が $y(n)$ になるので, $y(0) = 2,\ y(1) = 1,\ y(2) = 4,\ y(3) = 2$ であるから, これも式 (4.32) の結果と一致する.

4.4.2 ハードウェア表現

　線形時不変システムのハードウェア表現について説明する．これは，たたみ込み計算をハードウェア実現することと同じことである．

演算要素

　たたみ込みは，乗算，加減算，信号のシフトの3種類の演算により実行される．例として，この3種類の演算を行う演算器を図4.8に示す．線形時不変システムは，これらの演算器を用いて実現することができる．

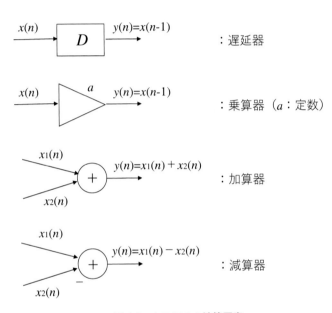

図 4.8　システムの演算要素

システムの構成例

　たとえば，次式のようなシステムを考える．

$$y(n) = x(n) + 2x(n-2) \tag{4.38}$$

このシステムは図4.9のように構成できる．

　これを作図する際のポイントは，以下の3点である．

- 式からシステムを構成できる．
- 構成図から式を推定できる．
- 構成図上の信号の流れがわかる．

　図4.9のシステムに図4.8の $x(n)$ を入力すると，システム各部の信号の流れが示される．このような流れで信号が推移していることがわかる．

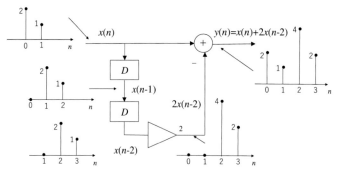

図 4.9　システムの構成例

システムの一般的な構成例

一般的なシステムとして次式のようなシステムを考える.

$$y(n) = \sum_{k=0}^{N-1} h(k)x(n-k) \tag{4.39}$$

このシステムは図 4.10 のように非再帰型システムとして構成される. ここでは, 各乗算器の値がインパルス応答 $h(n)$ に対応する.

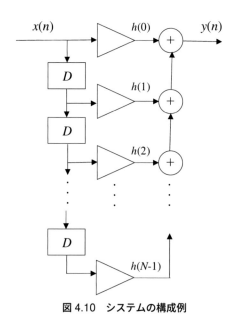

図 4.10　システムの構成例

システムの構成には自由度があり, ひとつのシステムに対して複数通りのシステムの構成があることから, これ以外の構成法もあるだろうが, それについては別途説明する.

4.4.3 フィードバックのあるシステム

システムの例

いま，次式で表されるようなシステムがあるとする．

$$y(n) = x(n) + by(n-1) \tag{4.40}$$

ここで b は定数である．この式は右辺に $y(n-1)$ があることから，過去の出力を入力に用いて出力するという，いわゆるフィードバックするものであり，たたみ込みではない．

この場合のシステムは図 4.11(a) に示されるような構成となり，出力 $y(n)$ が入力側に戻ることがわかる．このように，ある時刻での出力結果を基に後の出力を求める処理をフィードバック処理といい，フィードバック処理を伴うシステムを再帰型システム (recursive system) という．他方，フィードバック処理のないシステムを非再帰型システム (nonrecursive system) という．

この図 4.11(a) の構成から，システムのインパルス応答を求める．入力として $x(n) = \delta(n)$ を仮定すると，式 (4.40) は，

$$\begin{aligned}
y(n) &= x(n) + by(n-1) \\
&= x(n) + b(x(n-1) + by(n-2)) \\
&= x(n) + bx(n-1) + b^2 y(n-2) \\
&= b^0 x(n) + +bx(n-1) + b^2(x(n-2) + by(n-3)) \\
&\quad \cdots \\
&= \sum_{k=0}^{\infty} b^k (n-k)
\end{aligned} \tag{4.41}$$

のように変形され，たたみ込みの式として表現される．

このことから，図 4.11(b) のように時刻 $n = 0$ から，$1, b, b^2, b^3, \cdots$ と無限に続くインパルス応答となることがわかる．したがって，このシステムは，式 (4.40)，式 (4.41) のいずれの表現でも記述されることがわかる．

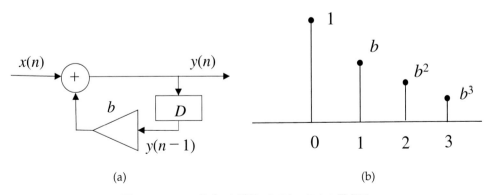

(a)   (b)

図 4.11　フィードバック処理のあるシステムの構成例

フィードバックの必要性

先述のように,

$$y(n) = x(n) + by(n-1) \tag{4.42}$$

をハードウェア実現する際に,

$$y(n) \sum_{k=0}^{\infty} b^k(n-k) \tag{4.43}$$

として考えた場合には, 右辺の和が無限個から成り立つので, 無限個の演算（乗算, 加算, 遅延）が必要となってくる.

ところが, 式 (4.42) のままシステムを構成すると, 図 4.11(a) のように有限個の演算により実現可能となる. このように, 無限個のインパルス応答を持つシステムは, 再帰的型システムとして実現することがあることがわかる.

IIR システムと FIR システム

システムには, 無限個のインパルス応答を持つ無限インパルス応答システム（IIR システム）と, 有限個のインパルス応答を持つ有限インパルス応答システム（FIR システム）に分類される.

図 4.11 に示すようなシステムは, 式 (4.41) 無限個のインパルス応答から構成されるため IIR システムであり, 図 4.12 に示すような 3 点平均を計算するシステムは, 3 個という有限個のインパルス応答から構成されるため FIR システムである.

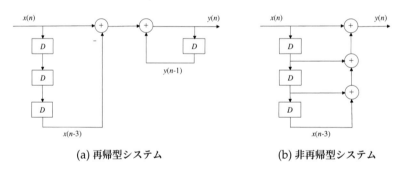

(a) 再帰型システム　　　　　(b) 非再帰型システム

図 4.12　システムの構成例

IIR システムはフィードバック処理を有するシステムすなわち再帰型システムであるが, 再帰的システムは必ずしも IIR システムであるとは限らない. その一例として, 次式で示されるようなシステムについて考察する.

$$y(n) = x(n) - x(n-3) + y(n-1) \tag{4.44}$$

この式は, 右辺に $y(n-1)$ なる出力に遅延を加えたものが存在するため, フィードバック処理を含むものである. ここで,

$$y(n) = x(n) - x(n-3) + y(n-1)$$

$$= x(n) - x(n-3) + x(n-1) - x(n-4) + y(n-2)$$

$$= x(n) - x(n-3) + x(n-1) - x(n-4) + x(n-2)$$
$$-x(n-5) + y(n-3)$$

$$= x(n) - x(n-3) + x(n-1) - x(n-4) + x(n-2)$$
$$-x(n-5) + x(n-3) - x(n-6) + y(n-4)$$

$$= x(n) + x(n-1) - x(n-4) + x(n-2) - x(n-5)$$
$$-x(n-6) + x(n-4) - x(n-7) + y(n-5)$$

$$= x(n) + x(n-1) + x(n-2) - x(n-5) - x(n-6)$$
$$-x(n-7) + x(n-5) - x(n-8) + y(n-6)$$

$$= x(n) + x(n-1) + x(n-2) - x(n-6) - x(n-7)$$
$$-x(n-8) + x(n-6) - x(n-9) + y(n-7)$$

$$= x(n) + x(n-1) + x(n-2) - x(n-7) - x(n-8)$$
$$-x(n-9) + x(n-7) - x(n-10) + y(n-8)$$

$$\cdots$$

$$= x(n) + x(n-1) + x(n-2) \tag{4.45}$$

と書き換えることができるため，有限個の処理で済むような FIR システムに帰着することがわかる．

このように，IIR システムはフィードバック処理を有するシステムすなわち再帰型システムであるが，その逆に再帰的システムが IIR システムであるとは限らないことが例示された．

4.4.4 定係数差分方程式の導入

線形時不変システムはたたみ込みで表現できることがわかったが，IIR のシステムの実現を行うには，たたみ込みのために無限の演算が対応することが大変厄介な問題であるとされてきた．そこで，定係数差分方程式の概念を用いて IIR システムを便利に実現できることを説明する．

定係数差分方程式

ここでは，システムの入出力の関係が次式で表されるものと考える．

$$y(n) = \sum_{k=0}^{M} a_k x(n-k) + \sum_{k=1}^{N} b_k y(n-k) \tag{4.46}$$

この表現を定係数差分方程式と呼ぶ．ここで，a_k, b_k はそれぞれ定数である．なお，式 (4.42) として示した

$$y(n) = x(n) + b y(n-1) \tag{4.47}$$

は，定係数差分方程式の特殊な場合に相当する[4].

　　たたみ込み表現では，無限個のインパルス応答 $h(n)$ を用いて入出力関係を記述している．しかしながら，この定係数差分方程式では，有限個の係数 a_k および b_k で記述され，右辺に出力 $y(n-k)$ が加えられる点が異なる．このことから，フィードバックを含めることができるという意味から，IIR システムを有限に表現することが可能である．

初期休止条件

　　初期休止条件の概念を理解するために，式 (4.47) のインパルス応答を求めてみる．まず，入力について $x(n) = \delta(n)$ を仮定し，$n = 0$ を代入すると，

$$y(0) = \delta(0) + by(-1) \tag{4.48}$$

となる．$y(-1)$ は入力を加える前の出力の初期状態を意味する．ここで，$y(-1) = 0$ を仮定すると，

$$\begin{cases} y(0) &=& x(0) + by(-1) = 1 + 0 = 1 \\ y(1) &=& x(1) + by(0) = 0 + b \times 1 = b \\ y(2) &=& x(2) + by(1) = 0 + b \times b = b^2 \\ & & \cdots \end{cases} \tag{4.49}$$

と応答を求めることができるので，$y(-1) = 0$ であるとすれば，

$$y(n) = b^n \tag{4.50}$$

と書くことができる．ここでは $y(0) = 0$ と仮定していたが，一般的に $y(0) \neq 0$ である場合については，$y(-1) = c$ とおくと，

$$\begin{cases} y(0) &=& x(0) + by(-1) = x(0) + c = x(0) + c \\ y(1) &=& x(1) + by(0) = 0 + b(x(0) + c) = b(x(0) + c) \\ y(2) &=& x(2) + by(1) = 0 + b^2(x(0) + c) = b^2(x(0) + c) \\ & & \cdots \\ y(n) &=& b^n(x(0) + c) \end{cases} \tag{4.51}$$

となる．

　　このように，$c = 0$ であれば $y(0)$ の大きさは $x(0)$ の大きさに比例することから線形時不変システムに対応するが，$c \neq 0$ であれば $y(0)$ の大きさは $x(0)$ の大きさに比例しないことから線形時不変システムに対応しないことがわかる．

　　しかしながら，線形時不変システムの記述法のひとつとして，定係数差分方程式を用いる場合には，一定の条件が必要となる．その条件とは，時刻 $n < n_0$ において $x(n) = 0$ ならば，時刻 $n < n_0$ において $y(n) = 0$ となることが常に仮定されることである．この条件を初期休止条件 (initial rest condition) と呼ぶ．この条件の下で，定係数差分方程式は線形定係数差分方程式と呼ばれるのである．

4　定係数差分方程式の特殊な場合として式 (4.47) については，式 (4.46) における，$M = 0$，$N = 1$ なる場合である．

差分方程式の構成

次式に示すような線形定係数差分方程式についてシステムを構成する.

$$y(n) = \sum_{k=0}^{M} a_k x(n-k) + \sum_{k=1}^{N} b_k y(n-k) \tag{4.52}$$

この式でも, 乗算, 加減算, 信号のシフト, の 3 種類の演算から構成されることから, 図 4.13 のようなシステムの構成を得ることができる[5].

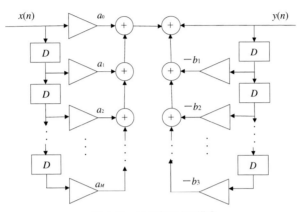

図 4.13 差分方程式の構成

4.5 システムの因果性と安定性の判別

線形時不変システムのあらゆる性質は, すべてインパルス応答 $h(n)$ によって記述される. ここでは, インパルス応答を用いたシステムの因果性ならびに安定性の判別法を説明する.

4.5.1 因果性システム

因果性システムとは, ある時刻 n での出力 $y(n)$ を求めるために, 時刻 n より未来の入力を必要としないシステムのことである.

線形時不変システムが因果性を満たすための必要十分条件は,

$$h(n) = 0, \qquad n < 0 \tag{4.53}$$

である. つまり, 負の時間（未来）でインパルス応答の値が 0 であればよい.

この必要十分条件について, 十分条件とは「この条件を満たせば因果性システムである」ということであり, 必要条件とは「この条件を満たさなかったら必ず因果性システムではない」ということである.

ところで, 3 点平均を求めるシステムについて,

---

5 この線形定係数差分方程式をシステムに表す場合には, 自由度があるという理由から, 図 4.13 以外の構成も考えることができる. その議論は後の章で述べる.

$$y(n) = \frac{1}{3}(x(n) + x(n-1) + x(n-2)) \tag{4.54}$$

は，未来の値を含まないため，因果性システムであることがわかるが，

$$y(n) = \frac{1}{3}(x(n+1) + x(n) + x(n-1)) \tag{4.55}$$

は，未来の値を含むため，因果性システムではないことがわかる．

4.5.2　安定なシステム

　安定なシステムとは，有限な値を持つ任意の入力信号をシステムに加えたとき，出力の値が必ず有限となるシステムである．この安定性は，有限入力有限出力安定 (Bounded Input Bounded Output Stability：BIBO 安定) といわれる．

　線形時不変システムが BIBO 安定であるための必要十分条件は，インパルス応答が絶対加算可能であること，すなわち，

$$\sum_{n=-\infty}^{\infty} |h(n)| < \infty \tag{4.56}$$

である．

　この安定性の条件について証明する．いま，すべての n に対して $|x(n)| \leq M$ が成立する定数 M を考える．このとき，たたみ込みの式から，出力 $y(n)$ の大きさに対して次式が成立する．

$$
\begin{aligned}
|y(n) &= \left| \sum_{k=-\infty}^{\infty} h(k)x(n-k) \right| \\
&\leq \sum_{k=-\infty}^{\infty} |h(k)||x(n-k)| \\
&\leq M \sum_{k=-\infty}^{\infty} |h(k)|M \\
&= M \sum_{k=-\infty}^{\infty} |h(k)|
\end{aligned} \tag{4.57}
$$

　ここでは，不等式の性質 $|a+b| \leq |a| + |b|$（a,b：定数）を利用している．したがって，式 (4.56) のもとで，常に

$$|y(n)| < \infty \tag{4.58}$$

が成立し，安定性が保証される．

4.5.3　IIR システムについて

　IIR システムは，無限のインパルス応答を持つ．したがって，BIBO 安定である条件を照らし合わせると，不安定なシステムである可能性があることがわかる．一方，FIR システムにおいては安定性は保証される．

　ところで，改めて式 (4.42) ならびに図 4.11 に示すような IIR システムを考えると，このシス

テムが BIBO 安定条件を満たすかどうかは，乗算器の値 b によって決まる．すなわち，

$$|b| \geq 1 \tag{4.59}$$

である場合には，システムの安定性は満足されず，不安定となる．

　図 4.14 にインパルス応答の例を示しているが，それから因果性，安定性を判定した結果が示されている．このように，インパルス応答を観測するだけで，システムの因果性や安定性を判別することができる．

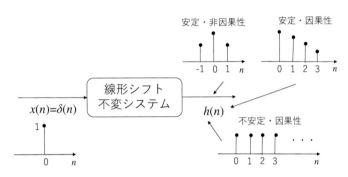

図 4.14　因果性，安定性の判別例

演習問題

問題 4.1

以下のシステムが線形性と時普遍性の条件をそれぞれ満足しているかどうか示せ．

(1) $y(n) = x(n) + x(n-1) + 1$

(2) $y(n) = nx(n-1)$

(3) $y(n) = 2x(2n-1)$

問題 4.2

システム $y(n) = x(n) - 2x(n-1) + x(n-2)$ の場合において，以下の問に答えよ．

(1) このシステムのインパルス応答を求めよ．

(2) 単位ステップ信号 $u(n)$ を加えた場合の出力 $y(n)$ を求めよ．

(3) このシステムの構成図を示せ．

第5章

z変換と
システムの伝達関数

　システムの設計や解析，あるいはシステムの効率的な構成法の検討を行う場合には，前章で述べたインパルス応答のように，時間信号としてシステムを表現するだけでは不便である．そこで，z変換やフーリエ変換と呼ばれる変換法を用いて，信号やシステムを変換した形式で検討することが広く行われている．

　本章では，まず，z変換という信号の変換法について説明する．

5.1　z 変換

ここでは，z 変換の定義，z 変換の具体的な計算法，z 変換の性質について，それぞれ説明する．

5.1.1　z 変換の定義

離散時間信号 $x(n)$ の z 変換 $X(z)$ は次式で定義される．

$$X(z) = \sum_{n=-\infty}^{\infty} x(n)z^{-n} \tag{5.1}$$

ここで，z は一般に複素数値をとる複素変数である．

数列 $x(n)$ の z 変換が $X(z)$ であるとき，これらの関係を以下のように表現する．

$$x(n) \overset{z}{\leftrightarrow} X(z) \tag{5.2}$$

$$Z[x(n)] = X(z) \tag{5.3}$$

5.1.2　インパルス $\delta(n)$ の z 変換

具体的な z 変換の計算例を示す．インパルス $\delta(n)$ の z 変換は 1 である．すなわち，次式のように表現できる．

$$\delta(n) \overset{z}{\leftrightarrow} 1 \tag{5.4}$$

なぜ，このようになるかを以下に示す．インパルスの定義は，

$$\delta(n) = \begin{cases} 1, & n = 0 \\ 0, & n \neq 0 \end{cases} \tag{5.5}$$

であるから，式 (5.1) に $x(n) = \delta(n)$ を代入すると，

$$Z[\delta(n)] = \sum_{n=-\infty}^{\infty} \delta(n)z^{-n} = \delta(0)z^{-0} = 1 \tag{5.6}$$

となるので，式 (5.6) が成立することがわかる[1]．

類似の例として，$n_1\delta(n - n_0)$ の z 変換を求める．

$$\begin{aligned} Z[n_1\delta(n - n_0)] &= n_1 \sum_{n=-\infty}^{\infty} \delta(n)z^{-n} \\ &= n_1\delta(0)z^{-n_0} \\ &= n_1 z^{-n_0} \end{aligned} \tag{5.7}$$

インパルスを用いて任意の信号 $x(n)$ を表現できることから，インパルスに対する z 変換がわかれば，容易に z 返還を求めることができるのである．

---

[1]　この $n_1\delta(n - n_0)$ の z 変換がわかると，$2\delta(n - 3)$ などの z 変換の場合において，$n_1 = 2$，$n_0 = 3$ とおくことで求めることができるようになる．

5.1.3 z 変換の性質

ところで，z 変換を行うにあたっては，以下に示すような z 変換の性質を理解する必要がある．

線形性

任意の 2 つの信号 $x_1(n)$，$x_2(n)$ の z 変換をそれぞれ $X_1(z) = Z[x_1(n)]$，$X_2(z) = Z[x_2(n)]$ とすると，次式のような線形性の性質が成立する．

$$
\begin{aligned}
Z[ax_1(n) + bx_2(n)] &= Z[ax_1(n)] + Z[bx_2(n)] \\
&= aZ[x_1(n)] + bZ[x_2(n)] \\
&= aX_1(z) + bX_2(z)
\end{aligned} \tag{5.8}
$$

ここで，a, b は任意の定数である．この性質から式 (5.7) を導き出すことができる．

時間シフト

信号 $x(n)$ の z 変換が $X(z) = Z[x(n)]$ であるとき，次式のような時間シフトの関係が成り立つ．

$$
x(n-k) \overset{z}{\leftrightarrow} X(z)z^{-k}, \qquad (k : 任意の整数) \tag{5.9}
$$

このことから，$x(n)$ の z 変換がわかれば，$n - k$ なる時間シフトが発生する場合に $x(n)$ の z 変換に z^{-k} を掛ければ，$x(n - k)$ の z 変換が求められることがわかる．

たたみ込み

任意の 2 つの信号 $x_1(n)$，$x_2(n)$ の z 変換をそれぞれ $X_1(z) = Z[x_1(n)]$，$X_2(z) = Z[x_2(n)]$ とする．このとき，これらがたたみ込みの関係にあるときは次式が成立する．

$$
\sum_{k=-\infty}^{\infty} x_1(k)x_2(n-k) \overset{z}{\leftrightarrow} X_1(z)X_2(z) \tag{5.10}
$$

このように，たたみ込みの関係の場合における z 変換は，それぞれの z 変換を求めて掛け合わせればよい．

このような関係になることを証明する．

$$
\begin{aligned}
Z\left[\sum_{k=-\infty}^{\infty} x_1(k)x_2(n-k)\right] &= \sum_{n=-\infty}^{\infty} \sum_{k=-\infty}^{\infty} x_1(k)x_2(n-k)z^{-n} \\
&= \sum_{n=-\infty}^{\infty} x_1(k) \sum_{k=-\infty}^{\infty} x_2(n-k)z^{-n} \\
&\quad (n - k = p \text{ と置き換える}) \\
&= \sum_{n=-\infty}^{\infty} x_1(k) \sum_{p=-\infty}^{\infty} x_2(p)z^{-p}z^{-k} \\
&= \sum_{n=-\infty}^{\infty} x_1(k)X_2(z)z^{-k}
\end{aligned}
$$

$$= X_2(z) \sum_{n=-\infty}^{\infty} x_1(k) z^{-k}$$

$$= X_2(z) X_1(z)$$

$$= X_1(z) X_2(z) \tag{5.11}$$

これらのような，z 変換の性質である線形性，時間シフト，シフトの 3 つを理解すると，計算が非常に容易になる．

5.2　システムの伝達関数

第 4 章では，インパルス応答が線形時不変システムの情報をすべて持っていることを述べた．ここでは，インパルス応答に代わる表現として，システムの伝達関数を定義する．IIR システムのように，インパルス応答では無限の表現が必要となるシステムに対しても，伝達関数は有限な表現を与え，表現がより簡潔になる．

5.2.1　伝達関数の定義

線形時不変システムにおいて，入力信号 $x(n)$，インパルス応答 $h(n)$ と出力信号 $y(n)$ との間に，次式のような関係のたたみ込みが成り立つとする．

$$y(n) = \sum_{k=-\infty}^{\infty} h(k) x(n-k) \tag{5.12}$$

この式を z 変換すると，

$$Y(z) = H(z) X(z) \tag{5.13}$$

と表現できる．ただし，$Y(z) = Z[y(n)]$，$H(z) = Z[h(n)]$，$X(z) = Z[x(n)]$ である．

ここで，インパルス応答 $h(n)$ の z 変換である $H(z)$ を，システムの伝達関数 (transfrt function) という．この伝達関数 $H(z)$ は，式 (5.13) を用いると，

$$H(z) = \frac{Y(z)}{X(z)} \tag{5.14}$$

とおくことができ，インパルス応答 $h(n)$ の z 変換というだけでなく，入力信号 $x(n)$ の z 変換である $X(z)$ と，出力信号 $y(n)$ の z 変換である $Y(z)$ との比ということもできる．

5.2.2　非再帰型システムの伝達関数

非再帰型システムは FIR システムのことでもある．この非再帰型システムの伝達関数を求めるために，システムのインパルス応答を求めてから伝達関数を求める方法と，入出力信号をそれぞれ z 変換してから伝達関数を求める方法との 2 つをそれぞれ比較する．

例として，次式のような 3 点平均を求めるシステムを考える．

$$y(n) = \frac{1}{3}(x(n) + x(n-1) + x(n-2)) \tag{5.15}$$

まず，システムのインパルス応答を求めてから伝達関数を求める方法によると，このシステムのインパルス応答 $h(n)$ は，

$$h(n) = \frac{1}{3}(\delta(n) + \delta(n-1) + \delta(n-2)) \tag{5.16}$$

であるから，伝達関数 $H(z)$ はこのインパルス応答 $h(n)$ を z 変換すればよく，

$$H(z) = \frac{1}{3}(1 + z^{-1} + z^{-2}) \tag{5.17}$$

が求められる．

次に，入出力信号をそれぞれ z 変換してから伝達関数を求める方法によると，式 (5.15) を z 変換すると，

$$\begin{aligned} Y(z) &= \frac{1}{3}(X(z) + X(z)z^{-1} + X(z)z^{-2}) \\ &= \frac{1}{3}(1 + z^{-1} + z^{-2})X(z) \end{aligned} \tag{5.18}$$

であるから，伝達関数 $H(z)$ は，

$$H(z) = \frac{Y(z)}{X(z)} = \frac{1}{3}(1 + z^{-1} + z^{-2}) \tag{5.19}$$

が求められる．

これらのように，どちらのアプローチを用いても本質的には同じ結果が得られる．しかしながら，入出力信号をそれぞれ z 変換してから伝達関数を求める方法のほうが簡便であるようだ．

5.2.3 伝達関数の一般形

非再帰型システムの伝達関数の一般形を考える．因果性を満たす非再帰型システムに対しては，

$$y(n) = \sum_{k=0}^{N-1} h(k)x(n-k), \quad （N：正の整数） \tag{5.20}$$

と表現され，たたみ込みの特殊な場合に相当する．伝達関数を求めると，

$$\begin{aligned} Y(z) &= \sum_{n=-\infty}^{-\infty} \sum_{k=0}^{N-1} h(k)x(n-k)z^{-n} \\ &= \sum_{n=-\infty}^{-\infty} \sum_{k=0}^{N-1} h(k)x(n-k)z^{-(n-k)}z^{-k} \\ &= \sum_{k=0}^{N-1} h(k) \sum_{n=-\infty}^{-\infty} x(n-k)z^{-(n-k)}z^{-k} \\ &= \sum_{k=0}^{N-1} h(k)X(z)z^{-k} \end{aligned}$$

$$= \sum_{k=0}^{N-1} [h(k)z^{-k}]X(z) \tag{5.21}$$

となるから，両辺を $X(z)$ で割って，次式のように得ることができる．

$$H(z) = \frac{Y(z)}{X(z)} = \sum_{k=0}^{N-1} [h(k)z^{-k}] \tag{5.22}$$

このように伝達関数は z 多項式であり，この多項式の次数を伝達関数の次数 (order) と呼ぶ．式 (5.22) の場合であれば伝達関数の次数は $N-1$ 次であり，3 点平均のシステムにおける伝達関数である式 (5.19) の場合は伝達関数の次数は 2 次である．

5.2.4 伝達関数の構成

ところで，次式に示されるような伝達関数を持つシステムは，図 5.1 に示すような構成により実現される．

$$H(z) = \frac{Y(z)}{X(z)} = \sum_{k=0}^{N-1} [h(k)z^{-k}] \tag{5.23}$$

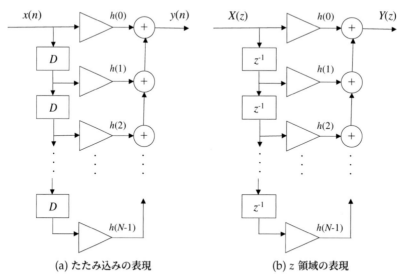

(a) たたみ込みの表現　　　(b) z 領域の表現

図 5.1　非再帰型システムの構成

この構成は，先述の図 4.10 に示すような構成に対応する．ここで，z^{-1} については，図中の "D" と同様に信号をシフトする遅延器を表している．この遅延器の入出力の関係は $y(n) = x(n-1)$ で表されるので，その z 変換は次式のように表される．

$$Y(z) = z^{-1}X(z) \tag{5.24}$$

5.3　再帰的システムの伝達関数

　ここでは，フィードバックを持つ再帰型システムの伝達関数について説明する．IIR システムはフィードバックを持つ再帰的システムとして実現されるので，伝達関数を求めることと，伝達関数の極の概念について示す．

5.3.1　再帰的システムの導出法

　フィードバックを持つシステムの例として，以下の式について伝達関数を導出する．

$$y(n) = x(n) + by(n-1) \tag{5.25}$$

ここで b は定数である[2]．

　この場合のシステムの伝達関数を求めるために，両辺を z 変換すると，

$$Y(z) = X(z) + bY(z)z^{-1} \tag{5.26}$$

となり，左辺に $Y(z)$ の項で，右辺に $X(z)$ の項でまとめると，

$$Y(z)(1 - bz^{-1}) = X(z) \tag{5.27}$$

であるから，伝達関数 $H(z)$ は次式のようになる．

$$H(z) = \frac{Y(z)}{X(z)} = \frac{1}{1 - bz^{-1}} \tag{5.28}$$

　この伝達関数について，改めてインパルス応答から求めてみる．式 (5.25) のインパルス応答は，

$$y(n) \sum_{k=0}^{\infty} b^x(n-k) \tag{5.29}$$

であることから，この z 変換は，

$$Y(z) = \sum_{k=0}^{\infty} b^k z^{-k} X(z) \tag{5.30}$$

であるから，伝達関数 $H(z)$ は[3]，

$$H(z) = \frac{Y(z)}{X(z)} = \sum_{k=0}^{\infty} b^k z^{-k} = \frac{1}{1 - bz^{-1}} \tag{5.31}$$

となる．

　このように，再帰的システムの伝達関数は，解くためのプロセスに関係なく同じ結果が得られることがわかる．

2　　このように右辺に出力 $y(n)$ を持つシステム表現を，定係数差分方程式と呼ぶ．

3　　等比級数について，初項 a で公比 r （$|r| < 1$）の場合，

$$a(1 + r + r^2 + r^3 + \cdots) = a \sum_{k=0}^{\infty} r = \frac{a}{1-r}$$

である．ここでは，初項が 1 で公比が br^{-1} となる．

5.3.2　伝達関数の一般形

定係数差分方程式の一般形は，次式のように表される．

$$y(n) = \sum_{k=0}^{M} a_k x(n-k) - \sum_{k=1}^{N} b_k y(n-k) \tag{5.32}$$

この両辺を z 変換すると，

$$Y(z) = \sum_{k=0}^{M} a_k z^{-k} X(z) - \sum_{k=1}^{N} b_k z[^{-1} Y(z) \tag{5.33}$$

となるので，求める伝達関数は次式のようになる．

$$H(z) = \frac{Y(z)}{X(z)} = \frac{\displaystyle\sum_{k=0}^{M} a_k z^{-k}}{1 + \displaystyle\sum_{k=1}^{N} b_k z^{-1}} \tag{5.34}$$

この式が，再帰型システムの伝達関数の一般形である．ここで，整数 M と N のうち大きい方を，伝達関数の次数という．

この再帰的システムの伝達関数におけるポイントは以下の通りに集約される．

- 伝達関数の分子は式 (5.34) の入力 $x(n-k)$ の係数から決まる．
- 伝達関数の分母は式 (5.34) の出力 $y(n-k)$ の係数に対応し，図 5.2 におけるフィードバック項を決定する．
- すべての b_k が 0 のとき，非再帰型システムに帰着する．
- 伝達関数の分母の係数 b_k は，式 (5.34) の出力 $y(n-k)$ の係数（$-b_k$）と逆符号である．（移項の際に符号が反転する）

また，再帰型システムの構成を図 5.2 に示す．

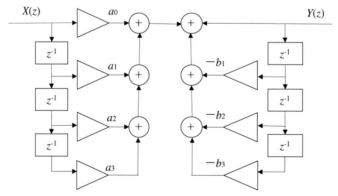

図 5.2　再帰型システムの構成

5.3.3 伝達関数の零点と極

伝達関数の特徴を調べる際には，伝達関数の零点と極を用いる．ここで，次式のような一般的な伝達関数を考える．

$$H(z) = \frac{Y(z)}{X(z)} = \frac{\displaystyle\sum_{k=0}^{M} a_k z^{-k}}{1 + \displaystyle\sum_{k=1}^{N} b_k z^{-1}} \tag{5.35}$$

このように伝達関数は z 多項式の比で与えられる．このため，多項式は，多項式の次数と等しい数の根を有する．この根のうち，$H(z) = 0$ となる z の根を伝達関数の零点 (zero) と呼び，$H(z) = \infty$ となる z の根を伝達関数の極 (pole) と呼ぶ．零点は分子多項式の根に相当し，極は分母多項式の根に相当する．

具体例として，3 点平均の伝達関数の場合を考える．この場合の伝達関数は，

$$H(z) = \frac{1}{3}(1 + z^{-1} + z^{-2}) \tag{5.36}$$

である．この零点と極を求めるために，次式のように書き換える．

$$H(z) = \frac{1}{3z^2}(z^2 + z + 1)$$

$$= \frac{\left(z - \dfrac{-1 + j\sqrt{3}}{2}\right)\left(z - \dfrac{-1 - j\sqrt{3}}{2}\right)}{3z^2} \tag{5.37}$$

$$= a\frac{(z - z_{00})(z - z_{01})}{(z - z_{p0})(z - z_{p1})} \tag{5.38}$$

ここで，z_{00}, z_{01} は零点であり，z_{p0}, z_{p1} は極である．この式から，零点 Z_{00}, Z_{01} は，次式のようになる．

$$z_{00} = \frac{-1 + j\sqrt{3}}{2} \tag{5.39}$$

$$z_{01} = \frac{-1 - j\sqrt{3}}{2} \tag{5.40}$$

また，極 z_{p0}, z_{p1} は次式のように重根である．

$$z_{p0} = z_{p1} = 0 \tag{5.41}$$

この例でもわかるように，非再帰型システムの伝達関数の極は，すべて原点の存在する．ここで説明した零点と極を用いた伝達関数の特徴に関する議論は次章にて述べる．

演習問題

問題 5.1

以下の信号の z 変換を求めよ.

(1) $x(n) = \delta(n + 2) + 3\delta(n) - 2\delta(n - 1)$

(2) $x(n) = u(n) + 2u(n - 1)$

(3) $x(n) = -b^n u(-n - 1)$

(4) $x(n) = \sin(\omega n) u(n)$

問題 5.2

信号 $x(n)$ の z 変換を $X(z)$ とする.以下の信号の z 変換を $X(z)$ を用いて表せ.

(1) $y(n) = ax(n) + bx(n - d)$

(2) $y(n) = (-1)^n x(n)$

第 **6** 章

システムの安定性と周波数特性

前章において z 変換を用いたシステムの伝達関数の表現について説明した．この伝達関数によって，システムの安定性や周波数特性を知ることができる．本章ではその方法について説明する．

6.1　逆 z 変換とシステムの安定性

ここでは，5.2 節の説明とは逆に，z 変換 $X(z)$ から離散時間信号 $x(n)$ を求める方法について説明し，システムの安定性にも言及する．

6.1.1　逆 z 変換

いま，$X(z)$ の逆 z 変換を次式のように表す．

$$x(n) = Z^{-1}[X(z)] \tag{6.1}$$

この逆 z 変換は，次式に示すような複素積分により求められる．

$$x(n) = \frac{1}{2\pi j} \oint_C X(z)z^{n-1}dz \tag{6.2}$$

ここで，積分路 C は，収束領域内で原点を内部に含む反時計方向の円周路である．

この式で計算することが厳密ではあるが，実際には以下に示すような方法によって簡単に逆 z 変換が可能である．

べき級数展開法

ここでは，z のべき級数に展開し逆 z 変換を行う方法である，べき級数展開法について説明する．

次式に示すような z 変換から明らかではあるが，$X(z)$ が z の多項式（べき級数）で与えられる場合，離散時間信号 $x(n)$ は各 z の係数に対応する．

$$X(z) = \sum_{n=-\infty}^{\infty} x(n)z^{-n} \tag{6.3}$$

たとえば，

$$X(z) = \frac{1}{3}(1 + z^{-1} + z^{-2}) \tag{6.4}$$

のような 3 点平均の場合の逆 z 変換は，

$$x(n) = Z^{-1}[X(z)] = \frac{1}{3}(\delta(n) + \delta(n-1) + \delta(n-2)) \tag{6.5}$$

と容易に求められる．

もうひとつの例として，

$$X(z) = \frac{1}{1 - bz^{-1}} \tag{6.6}$$

の逆変換を求める．この場合は，初項 1，公比 $bz-1$ の等比級数を意味することから，

$$X(z) = \frac{1}{1 - bz^{-1}} = 1 + bz-1 + b^2z-2 + b^3z-3 + \cdots = \sum_{n=0}^{\infty} b^nz-n \tag{6.7}$$

とおくことができるので，求める逆 z 変換は[1]，

$$
\begin{aligned}
x(n) &= Z^{-1}(X(z)) \\
&= Z^{-1}[1 + bz^{-1} + b^2z^{-2} + b^3z^{-3} + \cdots] = \delta(n) + b\delta(n-1) + b^2\delta(n-2) + \cdots \\
&= \sum_{k=0}^{\infty} b^k \delta(n-k) = b^n \sum_{k=0}^{\infty} \delta(n-k) = b^n u(n)
\end{aligned}
\tag{6.8}
$$

となる．ただし，$u(n)$ は単位ステップ関数である．

また，このように等比級数であるかどうか不明な場合などは，以下に示すような除算を行うことでも求められる．

$$
\begin{array}{r}
1 + \quad bz^{-1} + \quad bz^{-2} + \quad b^3z^{-3} + \quad \cdots \\
1 - bz^{-1} \enclose{longdiv}{1 \qquad\qquad\qquad\qquad\qquad\qquad} \\
\underline{1 - \quad bz^{-1}} \\
bz^{-1} \\
\underline{bz^{-1} - \quad b^2z^{-2}} \\
b^2z^{-2} \\
\underline{b^2z^{-2} \quad -b^3z^{-3}} \\
-b^3z^{-3}
\end{array}
$$

いずれの場合であっても，式 (6.7) の逆 z 変換は，次式のように表される．

$$
x(n) = Z^{-1}[X(z)] = b^n u(n)
\tag{6.9}
$$

部分分数展開法

より一般的な形の関数であるところの逆 z 変換を考える．いま，次式の逆 z 変換を行うことを例として説明する．

$$
X(z) = \frac{1}{1 - 3z^{-1} + 2z^{-2}}
\tag{6.10}
$$

この式は，分母が因数分解できるので，以下のように部分分数展開をすることができる．

$$
\begin{aligned}
X(z) &= \frac{1}{1 - 1.5z^{-1} + 0.5z^{-2}} \\
&= \frac{1}{(1 - 0.5z^{-1})(1 - z^{-2})} \\
&= \frac{1}{(1 - 0.5z^{-1})} + \frac{2}{(1 - z^{-2})}
\end{aligned}
\tag{6.11}
$$

この式を逆 z 変換すると，式 (6.9) を用いれば，

1 　単位ステップ関数 $u(n)$ は，$u(n) = \sum_{k=0}^{\infty} \delta(n-k)$ である．

$$z(n) = Z^{-1}[X(z)]$$
$$= Z^{-1}\left[\frac{1}{(1 - 0.5z^{-1})} + \frac{2}{(1 - z^{-2})}\right]$$
$$= -(0.5)^n u(n) + 2u(n) \tag{6.12}$$

と求められる.

このように, 高次の関数を部分分数展開すると, 複数個の低次な逆変換の問題に帰着することができる.

6.1.2　安定判別と周波数特性

伝達関数の安定判別を行う方法について述べる. 線形シフト不変システムの安定判別は, インパルス応答を用いて行える. インパルス応答の絶対値和が有限であるとき, すなわち,

$$\sum_{n=-\infty}^{\infty} |h(n)| < \infty \tag{6.13}$$

が成立するとき, システムは安定する.

ただ, この式を用いる方法は無限個のインパルス応答を用いて安定判別を行うため, 簡単なものではない. ここでは, 伝達関数の極を用いることで, 無限個のインパルス応答ということを意識せずに安定判別を行える方法を示す.

システムの安定判別

伝達関数はインパルス応答を z 変換したものであるから, 逆に, 伝達関数を逆 z 変換すればインパルス応答を求めることができる.

たとえば,

$$H(z) = \frac{1}{1 - bz^{-1}} \tag{6.14}$$

の逆 z 変換となるインパルス応答は,

$$h(n) = b^n u(n) \tag{6.15}$$

である. このシステムが安定であるためには,

$$|b| < 1 \tag{6.16}$$

であればよい. この b の値は伝達関数の極でもあるので, 逆 z 変換を行う前に, 極の大きさから同じ結論を導くことは容易である.

また,

$$H(z) = \frac{A_1}{1 - b_1 z^{-1}} + \frac{A_2}{1 - b_2 z^{-1}} \tag{6.17}$$

なる伝達関数を考える. ここで, A_1, A_2 は定数である. これは 2 次の伝達関数を部分分数展開したものであり, b_1, b_2 は極である.

このインパルス応答は逆 z 変換によって求められ,

$$h(n) = A_1(b_1)^n u(n) + A_2(b_2)^n u(n) \tag{6.18}$$

となる. この場合, システムが安定であるためには,

$$|b_1| < 1, |b_2| < 1 \tag{6.19}$$

であればよいことから, 2つの極の大きさがともに1より小さければよい.

以上のように, 伝達関数の逆 z 変換を行う前に極の大きさを求めることによって, 安定なシステムであるかどうかを知ることができる. 結論として. 伝達関数すべての極の絶対値が1より小さいときにそのシステムは安定となる. これを図6.1に示すと, 複素平面上ですべての極が単位円の内側に位置することが, システムが安定であるということととなる.

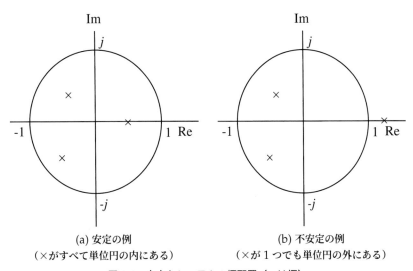

(a) 安定の例　　　　　　　　　　(b) 不安定の例
（×がすべて単位円の内にある）　　（×が1つでも単位円の外にある）

図 6.1　安定なシステムの極配置（× は極）

6.2　システムの周波数特性

ここでは, システムの周波数特性として, 振幅特性と位相特性, 複素正弦波信号入力, 伝達関数と周波数特性との関係について説明する.

6.2.1　振幅特性と周波数特性

図 6.2 に示す線形時不変システムでは, 正弦波信号 $x(n) = \cos(\omega n)$ を入力したとき, 出力信号は $y(n) = A(\omega)\cos(\omega n + \theta(\omega))$ と与えられる. すなわち, 以下のような特徴がある.

1. 出力も同じ周波数 ω を持つ正弦波信号である.
2. システムは正弦波信号の大きさ $A(\omega)$ と位相 $\theta(\omega)$ だけを変化させる働きがある.
3. 大きさ $A(\omega)$ と位相 $\theta(\omega)$ はm周波数 ω の関数であり, 入力信号の周波数により値が異なる.

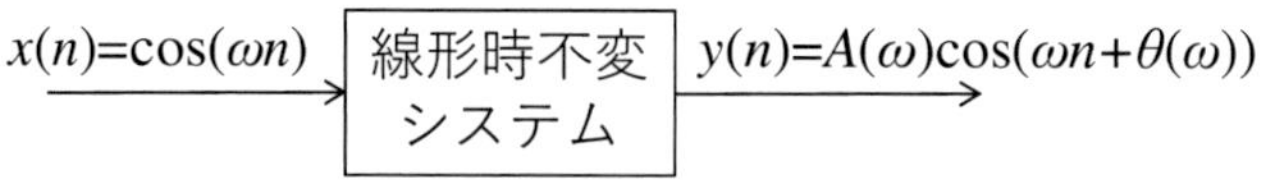

$$x(n)=\cos(\omega n) \rightarrow \boxed{\begin{array}{c}\text{線形時不変}\\\text{システム}\end{array}} \rightarrow y(n)=A(\omega)\cos(\omega n+\theta(\omega))$$

図 6.2　線形時不変システムの入出力関係

　ここで，入力と出力の大きさ（振幅）の関係 $A(\omega)$ を振幅特性 (amplitude characteristics)，位相の関係 $\theta(\omega)$ を位相特性 (phase characteristics) という．また，システムの周波数特性 (frequency characteristics) とは，振幅特性と位相特性との両方を含む表現である．

　このように，もし，すべての周波数についてシステムの周波数特性を調べることができれば，任意の正弦波信号に対する出力をその結果から容易に知ることが可能となる．また，正弦波信号以外の入力に対する出力も，この周波数特性から決定される．つまり周波数特性は，インパルス応答や伝達関数と同様に，線形時不変システムのすべての能力を表現している．

6.2.2　複素正弦波信号入力

　複素正弦波信号として

$$x(n) = e^{j\omega n} = \cos(\omega n) + j\sin(\omega n) \tag{6.20}$$

に対する出力を考える．たたみ込みの式にこの $x(n)$ を代入し，整理すると，

$$\begin{aligned}
y(n) &= \sum_{k=-\infty}^{\infty} h(k)x(n-k) \\
&= \sum_{k=-\infty}^{\infty} h(k)e^{j\omega(n-k)} \\
&= e^{j\omega n} \sum_{k=-\infty}^{\infty} h(k)e^{-j\omega k} \tag{6.21}
\end{aligned}$$

ここで，

$$\begin{aligned}
H(e^{j\omega}) &= \sum_{k=-\infty}^{\infty} h(k)e^{-j\omega k} \tag{6.22} \\
&= A(\omega)e^{j\theta(\omega)} \tag{6.23}
\end{aligned}$$

とおくと，$y(n)$ は，

$$\begin{aligned}
y(n) &= e^{j\omega n} \sum_{k=-\infty}^{\infty} h(k)e^{-j\omega k} \tag{6.24} \\
&= e^{j\omega n} A(\omega)e^{j\theta(\omega)} \tag{6.25} \\
&= A(\omega)e^{j(\omega n+\theta(\omega))} \tag{6.26} \\
&= A(\omega)\cos(\omega n + \theta(\omega)) + jA(\omega)\sin(\omega n + \theta(\omega)) \tag{6.27}
\end{aligned}$$

を得ることができる．この式は，以下に示すことを意味する．

1. システムの線形性から，複素正弦波に対する出力信号も，正弦波信号同様に大きさと信号の
   みが入力信号と異なる．
2. 式 (6.22) を計算し，式 (6.23) の式の変形を行えば，大きさと位相の特性を入力信号と独立
   に知ることができる．

このことから，任意の正弦波信号に対する入出力関係を，式 (6.22) に基づいてインパルス応
答を用いて計算できることがわかる．

ここで，式 (6.22) における $H(\omega)$ を周波数特性，それを式 (6.23) のように極座標形式に表現
したときの大きさ $A(\omega)$ を振幅特性，偏角 $\theta(\omega)$ を位相特性と呼ぶ．

6.3 伝達関数と周波数特性

ここでは，具体的な周波数特性の計算法を説明する．その計算法は，インパルス応答を用いた
計算と，伝達関数を用いた計算に大別される．

6.3.1 インパルス応答を用いた計算

インパルス応答 $h(n)$ が既知である場合に，

$$H(e^{j\omega}) = \sum_{k=-\infty}^{\infty} h(k)e^{-j\omega k} \tag{6.28}$$

のように n に代わって $e^{j\omega}$ を代入して計算することで，周波数特性を求めることができる．FIR
システムではこの方法でも求めることが可能であるが，IIR システムの場合は無限個のインパル
ス応答を扱う必要があるため，決して容易な方法とはいえない．

6.3.2 伝達関数を用いた計算

伝達関数 $H(z)$ が既知である場合，その z に $e^{j\omega}$ を代入して計算する．すなわち，

$$H(e^{j\omega}) = H(z)|_{z=e^{j\omega}} \tag{6.29}$$

により，周波数特性を求めることができる．

この理由を証明する．まず，インパルス応答の z 変換が伝達関数となるので，

$$X(z) = \sum_{n=-\infty}^{\infty} x(n)z^{-n} \tag{6.30}$$

の $x(n)$ に $h(n)$，z に $e^{j\omega}$ をそれぞれ代入することによって，

$$H(e^{j\omega}) = \sum_{k=-\infty}^{\infty} h(k)e^{-j\omega k} \tag{6.31}$$

となり，これは式 (6.22) と一致する．すなわち，伝達関数の z に $e^{j\omega}$ を代入した結果と，式
(6.22) を直接計算した結果がそれぞれ一致する．また，$e^{j\omega}$ の値は複素平面上の単位円周上の値
に対応する．

6.3.3　周波数特性の描き方

　周波数特性，すなわち振幅特性と位相特性を描く方法については自由度があり，いくつかの方法がある．ここでは，3 点平均のシステム

$$y(n) = \frac{1}{3}(x(n) + x(n-1) + x(n-2)) \tag{6.32}$$

を例として説明する．

　このシステムの周波数特性は，

$$
\begin{aligned}
H(e^{j\omega}) &= \frac{1}{3}(1 + e^{-j\omega}e^{-2j\omega}) \\
&= \frac{1}{3}(e^{j\omega} + 1 + e^{-j\omega})e^{-j\omega} \\
&= \frac{1}{3}(e^{j\omega} + e^{-j\omega} + 1)e^{-j\omega} \\
&= \frac{1}{3}(2\cos\omega + 1)e^{-j\omega}
\end{aligned}
\tag{6.33}
$$

であるから，振幅特性 $A(\omega)$，位相特性 $\theta(\omega)$ は，

$$A(\omega) = \frac{1}{3}(2\cos\omega + 1), \theta(\omega) = -\omega \tag{6.34}$$

となることから，これを図示すると図 6.3 における点線のようになる．ここで，$\theta(\omega) = -\omega$ は原点を通る傾き -1 の直線であるが，三角関数の周期性 $e^{-j\omega} = e^{-j(\omega+2\pi)}$ が成立するので，$-\pi \leq \theta(\omega) \leq \pi$ の範囲で位相特性を描いている．

　振幅特性について見ると，式 (6.34) における $A(\omega)$ は実数であるが，ω の値によって正にも負にもなる．しかしながら，振幅特性として $A(\omega) = |H(e^{j\omega})|$ を用いる場合には，図 6.3 における実線のように周波数特性を描くことができる．この場合は，$e^{j\pi} = -1$ の関係から $A(\omega)$ が負になる周波数範囲では位相が $\pi[\text{rad}]$ 変化するので，位相特性も変化する．

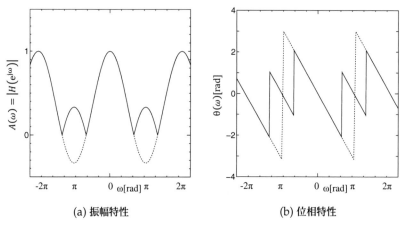

(a) 振幅特性　　　　　　　　(b) 位相特性

図 6.3　周波数特性の描き方

6.3.4 周波数特性

図 6.3 に示すように，振幅特性と位相特性ともに，$\omega = 2\pi$ で周期的な特性をとることがわかる．これは，線形時不変システムにおいては常に成立する性質である．

この性質は，

$$e^{j\omega} = e^{j(\omega + 2\pi)} \tag{6.35}$$

が成立することから，

$$H(e^{j\omega}) = H(e^{j(\omega + 2\pi)}) \tag{6.36}$$

が成り立つことによって説明される．

ここで，$\omega = \Omega/F_s = 2\pi F/F_s$ であることから，周期 $\omega = 2\pi$ は非正規化表現においてサンプリング周波数 $F = F_s$ に対応する．

また，負の周波数範囲（$\omega < 0$）についても説明する．一般的に正弦波信号 $x(t) = \cos\Omega t$ の周波数 Ω は 1 秒間の周期数に相当することから，負の周波数は現実的にあり得ない．ところが，オイラーの公式によるとこの正弦波信号は，

$$\cos\Omega t = \frac{e^{j\Omega t} + e^{-j\Omega t}}{2} \tag{6.37}$$

と書くことができるから，正弦波信号の周波数が正の値をもっていても，対応する複素正弦波信号は負の周波数（$-\Omega$）を持つ．このように，周波数特性が複素正弦波信号に基づくことを考えれば，周波数特性図においては負の周波数には意味があることがわかる．

さらに，図 6.3 からわかるように，振幅特性は $\omega = 0$ で偶対称，位相特性は $\omega = 0$ で奇対称であるといえる．すなわち，インパルス応答が実数値をとるとき，以下のような関係が常に成立する．

$$A(\omega) = A(-\omega) \tag{6.38}$$

$$\theta(\omega) = -\theta(\omega) \tag{6.39}$$

したがって，周期性と式 (6.38) ならびに式 (6.39) より，インパルス応答が実数のシステムの周波数特性は，$0 \le \omega < \pi$ の範囲でのみ独立であることがわかる．この結論から，ディジタルシステムが処理の対象とする入力信号の周波数は，サンプリング周波数の半分までである．このことは，シャノンのサンプリング定理と同じことと帰着する．

6.4　システムの縦続型構成と並列型構成

6.4.1 縦続型構成

図 6.4(a) のように 2 つのシステムを構成することを，縦続型構成という．たとえば，

$$H_1(z) = H_2(z) = \frac{1}{3}(1 + z^{-1} + z^{-2}) \tag{6.40}$$

である場合には，3 点平均を計算した結果に対して再度 3 点平均を計算することを意味する．この処理全体をひとつの伝達関数 $H(z)$ として示すならば，

$$H(z) = H_1(z)H_2(z) \tag{6.41}$$

と書くことができて，図 6.4(b) のように示すことができる．ここで，$H_1(z)$ ならびに $H_2(z)$ が式 (6.40) の場合には，

$$
\begin{aligned}
H(z) &= H_1(z)H_2(z) \\
&= \frac{1}{9}(1 + z^{-1} + z^{-2})(1 + z^{-1} + z^{-2}) \\
&= \frac{1}{9}(1 + 2(z^{-1} + z^{-2}) + (z^{-1} + z^{-2})^2) \\
&= \frac{1}{9}(1 + 2z^{-1} + 2z^{-2} + z^{-2} + 2z^{-3} + z^{-4}) \\
&= \frac{1}{9}(1 + 2z^{-1} + 3z^{-2} + 2z^{-3} + z^{-4})
\end{aligned}
\tag{6.42}
$$

となる．このような場合，$H_1(z)$ と $H_2(z)$ が逆の順番であったとしても，$H_1(z)H_2(z)$ に変化はないことがわかる．この性質はたたみ込みの交換則から説明される．

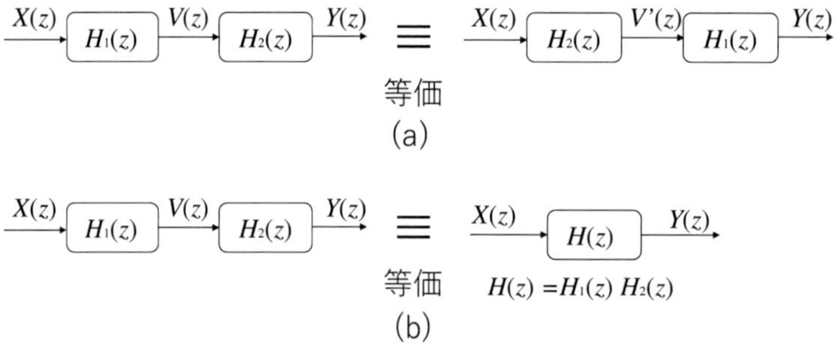

図 6.4　システムの縦続型構成

6.4.2　並列型構成

図 6.5 のように 2 つのシステムを構成することを，並列型構成という．この処理全体をひとつの伝達関数 $H(z)$ で表すと，

$$H(z) = H_1(z) + H_2(z) \tag{6.43}$$

と書くことができる．たとえば，3 点平均である式 (6.40) の場合であれば，

$$
\begin{aligned}
H(z) &= H_1(z) + H_2(z) \\
&= \frac{1}{3}(1 + z^{-1} + z^{-2}) + \frac{1}{3}(1 + z^{-1} + z^{-2}) \\
&= \frac{2}{3}(1 + z^{-1} + z^{-2})
\end{aligned}
\tag{6.44}
$$

となる.

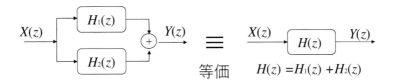

図 6.5 システムの並列型構成

演習問題

問題 6.1

以下の逆 z 変換を，べき級数展開法と部分分数展開法を用いて求めよ.

(1) $X(z) = z^2 + 2 + 2z^{-3}$

(2) $X(z) = \dfrac{1}{1 - 0.5z^{-1}}$

(3) $X(z) = \dfrac{2z^{-1}}{1 - 0.5z^{-1}} + \dfrac{1}{1 - z^{-1}}$

(4) $X(z) = \dfrac{1}{(1 - 0.5z^{-1})(1 - z^{-1})}$

問題 6.2

以下のシステムの伝達関数を求め，ハードウェア構成を示せ.

(1) $y(n) = x(n) + ax(n-1) + bx(n-2)$

(2) $y(n) = x(n) + ax(n-1) + by(n-2)$

(3) $y(n) = x(n) + ay(n-1) + by(n-2)$

問題 6.3

以下のシステムにおける周波数特性，伝達関数の極をそれぞれ求め，安定性を判別せよ.

(1) $H(z) = 1 + 2z^{-1} + z^{-2}$

(2) $H(z) = \dfrac{1 + 2z^{-1}}{2 + z^{-1}}$

第7章

信号の周波数解析と
サンプリング定理

前章では，正弦波信号をシステムに加えた場合の応答として周波数特性を説明した．しかし，実際のシステムへの入力信号が正弦波信号であることは少ない．このような場合，正弦波以外の信号が正弦波とどのような関係にあるかを調べる必要がある．このような操作を周波数解析という．周波数解析はアナログ信号とそのサンプル値との関係に関する重要な定理であるサンプリング定理を理解するためにも必要なことである．

7.1　周波数解析

　解析しようとする信号が正弦波であれば，取り扱いは比較的容易であるとされている．ところが，ディジタル信号を含め一般的に扱われる信号は，周期的であったとしても正弦波のような形状の信号ではないことがほとんどであり，これを非正弦波信号と呼んでいる．ここではその取り扱いについて説明する．

7.1.1　非正弦波信号

　図 7.1(a) に示すアナログ信号 $x_{T_0}(t)$ を例に説明する．この信号は正弦波信号の負の値を切り捨てたものであり，もはや正弦波信号ではない．このような正弦波以外の信号を非正弦波信号という．非正弦波信号は，周波数，大きさ，位相の異なる複数の正弦波信号の合成として表現される．

　たとえば，図 7.1(a) の信号は，次式のように無限個の正弦波信号を用いて表現される．

$$x_{T_0}(t) = \frac{1}{\pi} + \frac{1}{2}\cos\Omega_0 t + \frac{2}{\pi}\left(\frac{1}{1\times 3}\cos(2\Omega_0 t) - \frac{1}{3\times 5}\cos(4\Omega_0 t)\right) \tag{7.1}$$

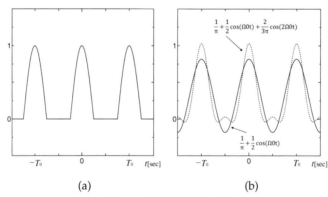

図 7.1　非正弦波信号の例

ただし，$\Omega_0 = 2\pi/T_0$ である．図 7.1(b) は，式 (7.1) の有限個数の項の正弦波信号を加算して合成された信号である．合成される正弦波信号の項数が増えると，図 7.1(a) のような波形に外形が近づいてきていることがわかる．

　このように，たとえば図 7.1(a) の信号を式 (7.1) のように展開するように非正弦波信号を正弦波信号に分解し，信号の性質を調べる操作を周波数解析という．この正弦波分解に基づく周波数分析を，特にフーリエ解析 (Fourier analysis) という．

7.1.2　フーリエ解析の種類

　フーリエ解析にはいくつかの種類がある．解析される信号のちがいにより，それらを使い分けなければならない．ここでは，まずフーリエ解析の種類と対象とする信号との関係をまとめる．

　信号は図 7.2 に示すように，離散時間信号か連続時間信号か，またそれぞれについて周期的か非周期的かにより大別され，信号の種類により，表 7.1 に示すような 5 種類のフーリエ解析法が知られている．連続時間信号に対しては，フーリエ変換 (Fourier Transform: FT) とフーリエ級数 (Fourier Series: FS) 表現がある．一方，離散時間信号に対しては，離散時間フーリエ変換 (Discreate-Time Fourier Transform: DTFT) と離散時間フーリエ級数 (Discreate-Time Fourier Series: DTFS) 表現がある．

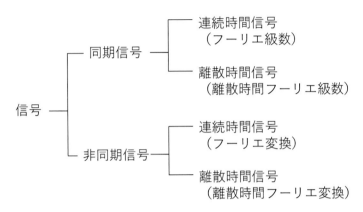

図 7.2　信号の分類と対応するフーリエ解析

表 7.1　フーリエ解析の種類

	離散時間信号	連続時間信号
周期信号	$x_N(n) = \dfrac{1}{N}\displaystyle\sum_{k=0}^{N-1} X_N(k)W_N^{-nk}$ $(-\infty < n < \infty)$ $X_N(k) = \displaystyle\sum_{n=0}^{N-1} x_N(n)W_N^{-nk}$ $(-\infty < k < \infty)$ 離散フーリエ変換	$x_{T_0}(t) = \displaystyle\sum_{k=-\infty}^{\infty} C_k e^{jk\Omega_0 t}$ $C_k = \dfrac{1}{T_0}\displaystyle\int_0^{T_0} x_{T_0}(t)e^{-jk\Omega_0 t}dt$ フーリエ級数
非周期信号	$x(n) = \dfrac{1}{2\pi}\displaystyle\int_0^{2\pi} X(e^{j\omega})e^{j\omega n}d\omega$ $X(e^{j\omega}) = \displaystyle\sum_{n=-\infty}^{\infty} x(n)e^{-j\omega n}$ 離散時間フーリエ変換	$x(t) = \dfrac{1}{2\pi}\displaystyle\int_{-\infty}^{\infty} X(e^{j\omega})e^{j\omega n}d\omega$ $X(\Omega) = \displaystyle\int_{-\infty}^{\infty} x(t)e^{-j\Omega t}dt$ フーリエ変換
非周期信号	$x(n) = \dfrac{1}{N}\displaystyle\sum_{k=0}^{N-1} X(k)W_N^{-nk}$ $(n = 0, 1, \ldots, N-1)$ $X(k) = \displaystyle\sum_{n=0}^{N-1} x(n)W_N^{nk}$ $(k = 0, 1, \ldots, N-1)$ 離散フーリエ変換	ただし $W_N = e^{-j2\pi/N}$ $\Omega_0 = 2\pi/T_0$

7.2　フーリエ級数

　ここでは，ある周期的な信号 $f(t) = f(t + nT)$（n は任意の整数）を考える．このとき，$f(t)$ を基本角周波数 ω_0 の整数倍による三角関数からなる級数で表すと，次式のように表される．

$$f(t) = \frac{a_o}{2} + \sum_{n=1}^{\infty} (a_n \cos n\omega_0 t + b_n \sin n\omega_0 t) \tag{7.2}$$

この式 (7.2) を実フーリエ級数と呼んでいる．ここで基本角周波数 ω_0（単位は $[\mathrm{rad/s}]$）は，

$$\omega_0 = \frac{2\pi}{T} \tag{7.3}$$

である．このことから，ある周期的な信号 $f(t) = f(t + nT)$（n は任意の整数）は，基本周波数の整数倍に関する正弦波や余弦波の和で表されるということができる．

　ここで，式 (7.2) における a_0, a_n, b_n は実フーリエ係数[1]と呼ばれるものであり，次式で表される．

$$a_0 = \frac{2}{T} \int_{-\frac{T}{2}}^{\frac{T}{2}} f(t) dt \tag{7.4}$$

$$a_n = \frac{2}{T} \int_{-\frac{T}{2}}^{\frac{T}{2}} f(t) \cos n\omega_0 t\, dt \qquad (n = 1, 2, \cdots) \tag{7.5}$$

$$b_n = \frac{2}{T} \int_{-\frac{T}{2}}^{\frac{T}{2}} f(t) \sin n\omega_0 t\, dt \qquad (n = 1, 2, \cdots) \tag{7.6}$$

例題 7.1

　図 7.3 に示す矩形波について，フーリエ級数展開をせよ．

$$f(t) = \begin{cases} 1 & (0 \leq t < \pi) \\ 0 & (\pi \leq t < 2\pi) \end{cases} \tag{7.7}$$

1　式 (7.2) において $n = 0$ とした場合には $\cos n\omega_0 t = 1$ が常に成立するため，

$$a_0 = \frac{2}{T} \int_{-\frac{T}{2}}^{\frac{T}{2}} f(t) \cos n\omega_0 t\, dt = \frac{2}{T} \int_{-\frac{T}{2}}^{\frac{T}{2}} f(t) dt$$

となることから，式 (7.4) に帰着する．

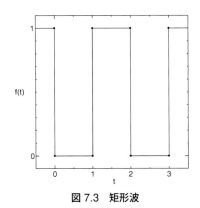

図 7.3　矩形波

【解答】　この矩形波について，実フーリエ係数 a_0, a_n, b_n をそれぞれ求めると，

$$a_0 = \frac{2}{T} \int_0^{\frac{T}{2}} dt = 1 - 0 = 1 \tag{7.8}$$

$$a_n = \frac{2}{T} \int_0^{\frac{T}{2}} \cos\left(2\pi k \frac{t}{T}\right) dt = \frac{1}{\pi k}(\sin k\pi - \sin 0) = 0 \tag{7.9}$$

$$b_n = \frac{2}{T} \int_0^{\frac{T}{2}} \sin\left(2\pi k \frac{t}{T}\right) dt = \frac{1}{\pi k}(-\cos k\pi + \cos 0)$$

$$= \begin{cases} \dfrac{2}{\pi k} & k = 1, 3, 5, \cdots \\ 0 & k = 2, 4, 6, \cdots \end{cases} \tag{7.10}$$

7.3　フーリエ級数展開の複素表現

前節と同様に，ある周期的な信号 $f(t) = f(t + nT)$（n は任意の整数）を考える．このとき，$f(t)$ を基本角周波数 ω_0 の整数倍による指数関数からなる級数で表す．ところで，$\sqrt{-1} = j$ とおくものと仮定すると，オイラーの公式によれば，指数関数と三角関数の間には

$$e^{j\theta} = \cos\theta + j\sin\theta \tag{7.11}$$

$$\cos\theta = \frac{e^{j\theta} + e^{-j\theta}}{2} \tag{7.12}$$

$$\sin\theta = \frac{e^{j\theta} - e^{-j\theta}}{2j} \tag{7.13}$$

なる関係があることが知られているので，式 (7.2) は次式のように表される．

$$f(t) = \frac{a_0}{2} + \sum_{n=1}^{\infty} (a_n \cos n\omega_0 t + b_n \sin n\omega_0 t)$$

$$= \frac{a_0}{2} + \sum_{n=1}^{\infty} (a_n \frac{e^{jn\omega_0 t} + e^{-jn\omega_0 t}}{2} + b_n \frac{e^{jn\omega_0 t} - e^{-jn\omega_0 t}}{2j})$$

$$= \frac{a_0}{2} + \sum_{n=1}^{\infty} \left(\frac{a_n - jb_n}{2} e^{jn\omega_0 t} + \frac{a_n + jb_n}{2} e^{-jn\omega_0 t} \right)$$

$$= \sum_{n=0}^{\infty} \left(c_n e^{jn\omega_0 t} + c_{-n} e^{-jn\omega_0 t} \right) \tag{7.14}$$

$$= \sum_{n=-\infty}^{\infty} c_n e^{jn\omega_0 t} \tag{7.15}$$

この式 (7.15) を複素フーリエ級数と呼んでいる．ここで基本角周波数 ω_0（単位は [rad/s]）は，

$$\omega_0 = \frac{2\pi}{T} \tag{7.16}$$

である．このことから，ある周期的な信号 $f(t) = f(t + nT)$（n は任意の整数）は，基本周波数の整数倍に関する正弦波や余弦波の和で表されるということができる．

ここで，式 (7.15) における c_n は複素フーリエ係数[2]と呼ばれるものであり，次式で表される．

$$c_n = \frac{1}{T} \int_{-\frac{T}{2}}^{\frac{T}{2}} f(t) e^{-jn\omega_0 t} dt \qquad (n = 0, 1, 2, \cdots) \tag{7.17}$$

例題 7.2

図 7.4 に示す矩形波について，フーリエ級数展開をせよ．

$$f(t) = \begin{cases} 1 & (0 \le t < \pi) \\ 0 & (\pi \le t < 2\pi) \end{cases} \tag{7.18}$$

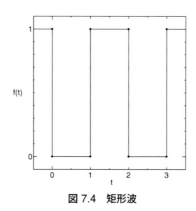

図 7.4 矩形波

【解答】 この矩形波について，実フーリエ係数 a_0, a_n, b_n をそれぞれ求めると，

$$c_n = \frac{1}{T} \int_{-\frac{T}{2}}^{\frac{T}{2}} e^{\left(-j2n\pi \frac{t}{T} \right)} dt$$

---

2 式 (7.14) において，c_n と c_{-n} との間には複素共役の関係があるため，式 (7.15) に帰着する．

$$= \frac{1}{2jn\pi}\left(e^{n\pi} - e^{-n\pi}\right)$$

$$= \frac{1}{n\pi}\frac{\left(e^{n\pi} - e^{-n\pi}\right)}{2j}$$

$$= \frac{\sin n\pi}{n\pi}$$

$$= \mathrm{sinc}(n\pi) \tag{7.19}$$

$$a_n = \frac{2}{T}\int_0^{\frac{T}{2}}\cos\left(2\pi k\frac{t}{T}\right)dt$$

$$= \frac{1}{\pi k}(\sin k\pi - \sin 0)$$

$$= 0 \tag{7.20}$$

$$b_n = \frac{2}{T}\int_0^{\frac{T}{2}}\sin\left(2\pi k\frac{t}{T}\right)dt$$

$$= \frac{1}{\pi k}(-\cos k\pi + \cos 0)$$

$$= \begin{cases} \dfrac{2}{\pi k} & k = 1,3,5,\cdots \\ 0 & k = 2,4,6,\cdots \end{cases} \tag{7.21}$$

7.4 フーリエ変換

　非周期的な連続信号 $f(t)$ を考える．図 7.5(a) に示す信号は，$t=0$ の周辺にパルスが 1 個存在するだけであることから，周期信号ではなく非周期信号である．このような非周期信号の周波数解析，すなわち時間領域と周波数領域との変換は，次式により行われる．

$$X(\Omega) = \int_{-\infty}^{\infty} x(t)e^{-j\Omega t}d\Omega \tag{7.22}$$

$$x(t) = \frac{1}{2\pi}\int_{-\infty}^{\infty} X(\Omega)e^{j\Omega t}d\Omega \tag{7.23}$$

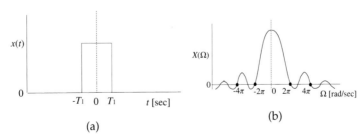

(a)　　　　　　　(b)

図 7.5　**非周期信号の例** $T_1 = 0.5\mathrm{sec}$

　ここで，式 (7.22) はフーリエ変換と呼び，時間領域 $x(t)$ から周波数領域 $X(\Omega)$ への変換式で

ある．一方，式 (7.23) を逆フーリエ変換と呼び，周波数領域 $X(\Omega)$ から時間領域 $x(t)$ への変換式である．また，ここで示したフーリエ変換（式 (7.22)）ならびに逆フーリエ変換（式 (7.23)）の両式の総称をフーリエ変換と呼ぶこともある．

例題 7.3

図 7.6 に示す矩形波について，フーリエ変換せよ．

$$x(t) = \begin{cases} 1 & (-T_1 \leq t < T_1) \\ 0 & （それ以外） \end{cases} \tag{7.24}$$

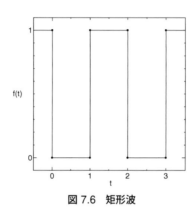

図 7.6　矩形波

【解答】式 (7.22) より，

$$X(\Omega) = \int_{-\infty}^{\infty} x(t)e^{-j\Omega t}dt = \int_{-T_1}^{T_1} e^{-j\Omega t}dt = -\frac{1}{j\Omega}\left(e^{-j\Omega T_1} - e^{j\Omega T_1}\right)$$

$$= 2T_1 \frac{e^{j\Omega T_1} - e^{-j\Omega T_1}}{2j\Omega T_1} = T_1 \mathrm{sinc}(\Omega T_1) \tag{7.25}$$

となる[3]．

7.5　サンプリング定理

ディジタル信号処理においては，アナログ信号をサンプリングし，ディジタル信号を生成する．その際に，アナログ信号の持つ情報を失わないようにサンプリングを行う必要がある．ここでは，サンプリングに関する問題を扱う．

---

[3]　sinc 関数は信号処理などで多く用いられる関数であり，$\mathrm{sinc}(x) = \dfrac{\sin x}{x}$ と書かれる．なお，$x = 0$ となる場合には，

$$\lim_{x \to 0} \mathrm{sinc}(x) = \lim_{x \to 0} \frac{\sin x}{x} = \lim_{x \to 0} \frac{\cos x}{1} = 1$$

となる．

細かいサンプリング（高いサンプリング周波数）は，データ量を増大させ，その後の処理を複雑にする．一方，粗いサンプリング（低いサンプリング周波数）はデータ量の増大を抑えることはできるが，アナログ信号の持つ情報を失いやすい．したがって，適切なサンプリング周波数の選択が重要となる．

7.5.1 帯域制限信号

まず，図 7.7(a) に示す振幅スペクトル $A(\Omega) = |X(\Omega)|$ を持つアナログ信号 $x(t)$ を考える．ここで，この信号が

$$|X(\Omega)| = 0, \qquad \Omega > \Omega_m \tag{7.26}$$

を満たすと仮定する．このとき，信号 $x(t)$ は，角周波数 $\Omega_m = 2\pi F_m$（あるいは周波数 F_m）で帯域制限されているとする．このように，周波数スペクトルの存在する範囲が有限である信号を

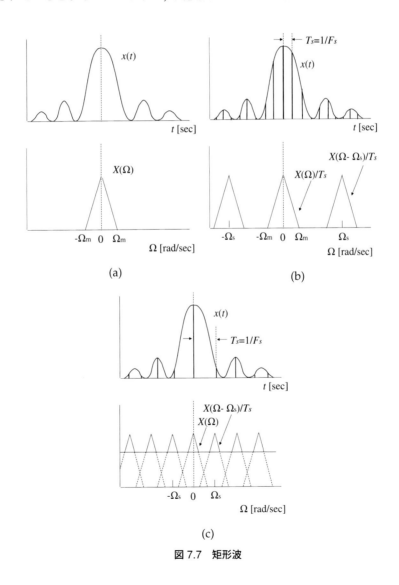

図 7.7　矩形波

93

帯域制限信号という.

7.5.2　エリアジング

次に，信号 $x(t)$ をサンプリング周波数 $F_s = 1/T_s$[Hz] でサンプリングするものとして考える. このとき，アナログ信号 $x(t)$ の周波数スペクトル $X(\Omega)$ と離散時間信号 $x(nT_s)$ の周波数スペクトル $X(e^{j\Omega T_s})$ は，次式のような関係で結ばれる.

$$X(e^{j\Omega T_s}) = \frac{1}{T_s} \sum_{\tau=-\infty}^{\infty} X(\Omega - r\Omega_s), \qquad \Omega_s = 2\pi F_s \tag{7.27}$$

図 7.7 をみながらこの式の意味を考えると，以下の事項がわかる.
- サンプリングすると，アナログ信号のスペクトルが周期的に並ぶ.
- スペクトルの周期は $\Omega_s = 2\pi F_s$ であり，サンプリング周波数 F_s が高いほど周期は長い.
- サンプリング周波数が低いほど，スペクトルが重なる場合がある.

このようなスペクトルの重なりを，折り返しひずみあるいはエリアジングという. スペクトルの重なりが生じなければ，離散時間信号はアナログ信号のスペクトルをひずみなく持つことができる. すなわち，この場合，離散時間信号はアナログ信号の情報を失っていないということができる.

7.5.3　ナイキスト間隔

スペクトルの重なりは，信号の帯域 $\Omega_m = 2\pi F_m$ とサンプリング周波数 $F_s = 1/T_s$[Hz] との関係から決まる. 明らかに，

$$F_s > 2F_m \tag{7.28}$$

であれば，スペクトルの重なりは生じない.

スペクトルの重なる限界であるサンプリング周波数 $F_s = 2F_m$ をナイキスト周波数 (Nquist freauency)，その逆数 $T_s = 1/F_s$ をナイキスト間隔という.

7.5.4　サンプリング定理

信号の帯域周波数 F_m[Hz] で帯域制限された信号 $x(t)$ は，サンプリング周波数 $F_s > 2F_m$ によるサンプル値で一意に決定される. このことをサンプリング定理と呼ぶ. スペクトルが重ならないようにサンプリングを行えば，そのサンプル値を用いて元のアナログ信号を復元できることを意味する. この定理により，音声や画像などのメディアをディジタル信号として処理することが可能となる.

7.5.5　アナログ–ディジタル変換

ここまでの議論から，アナログ信号をディジタル信号に変換するためには，図 7.8 に示すような手順が必要であることがわかる. すなわち，
1. 帯域制限信号を作るために，アナログフィルタより高い周波数スペクトルを除去する.
2. サンプリング定理を満たすサンプリング周波数を選び，サンプリングをする.

3. 各サンプル値を量子化して，ディジタル信号を生成する．

もし帯域制限を行わなければ，サンプリング定理を満たすことができないので，エリアジングが生じる．このため，帯域制限用のアナログフィルタをアンチエリアジングフィルタ (anti-aliasing filter) ということもある．

また，サンプリングおよび量子化の操作をアナログ–ディジタル変換（A-D変換）といい，そのための装置をアナログ–ディジタル (A-D) 変換器という．逆に，ディジタル信号を再びアナログ信号に変換する操作をディジタル–アナログ変換（D-A変換）といい，そのための装置をディジタル–アナログ (D-A) 変換器という．

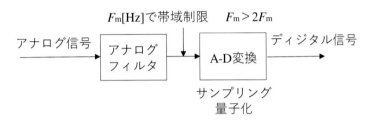

図 7.8 アナログ–ディジタル変換

演習問題

問題 7.1

次の離散時間信号におけるフーリエ変換を求めよ．

(1) $x(n) = \delta(nT)$

(2) $x(n) = u(nT) - u(nT - NT)$

問題 7.2

図 7.9 に示す離散時間信号のフーリエ変換を求めよ.

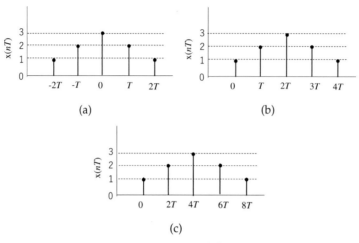

図 7.9　問題 7.2 における離散時間信号

問題 7.3

連続時間信号 $x(t) = \cos(2\pi f_1 t) + \cos(2\pi f_2 t)$ をそのスペクトル情報を乱さないようにサンプリングしたい. その場合, サンプリング周期をどのように設定すればよいか. ただし, $f_1 = 1\text{kHz}$, $f_1 = 1.5\text{kHz}$ とする.

第8章

アナログフィルタ

　一般的に，信号処理を行う前段階として，フィルタ回路が必要となる．このフィルタ回路は電気回路やアナログ電子回路として構成されるが，本章では，基礎的な交流電気回路である RLC 直列回路から理解した上で，高域フィルタや低域フィルタ，帯域フィルタについて，その特性を習得する．

8.1　交流電気回路：RLC直列電気回路

　ここでは難解な微分方程式で表される電気回路の電圧電流の関係から，複素数を用いた表現に簡略する方法を説明する．

　図 8.1 に示すような RLC 直列回路において，電源の両端の電圧 v と流れる電流 i との関係[1]は，次式のように表される．

$$v = Ri + L\frac{di}{dt} + \frac{1}{C}\int i\,dt \tag{8.1}$$

このような微分方程式で表されるのだが，定常状態（スイッチを ON にしてから十分時間が経過した状態）であれば，次式のように電圧ならびに電流を複素数で表す場合，

$$V = V_m \exp j(\omega t - \theta_v) \tag{8.2}$$

$$I = I_m \exp j(\omega t - \theta_i) \tag{8.3}$$

電流 I について時間 t で微分ならびに積分を行うと，

$$\frac{dI}{dt} = j\omega I \tag{8.4}$$

$$\int I\,dt = \frac{1}{j\omega}I \tag{8.5}$$

となるので，式 (8.1) は次式のように置き換えることができる．

$$V = \left(R + j\omega L + \frac{1}{j\omega C}\right)I \tag{8.6}$$

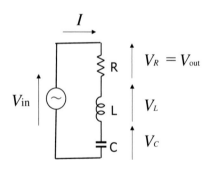

図 8.1　RLC 直列回路

8.2　高域フィルタ

　図 8.2 に示すような RC 直列回路で，抵抗 R を出力端とした回路を高域フィルタという．高域

フィルタとは，低周波の信号を低減して高周波の信号だけを通過させようとするものである．

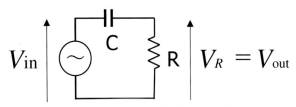

図 8.2　RC 直列回路（高域フィルタ）

　この回路において，入力電圧 V_{in} と電流 I との関係，ならびに出力電圧 V_{out} と電流 I との関係は次式で表される．

$$V_{in} = \left(R + \frac{1}{j\omega C} \right) I \tag{8.7}$$

$$V_{out} = RI \tag{8.8}$$

この RC 直列回路における入力と出力との関係を伝達関数 $T(\omega)$ で表すと，

$$T(\omega) = \frac{V_{out}}{V_{in}} = \frac{R}{R + \dfrac{1}{j\omega C}} = \frac{j\omega CR}{1 + j\omega CR} \tag{8.9}$$

である[2]．実際には，まず角周波数 ω の変化に対する $T(\omega)$ の大きさ $|T(\omega)|$ の変化がわかるとよいので，

$$|T(\omega)| = \left| \frac{j\omega CR}{1 + j\omega CR} \right| = \sqrt{\frac{\omega^2 C^2 R^2}{1 + \omega^2 C^2 R^2}} \tag{8.10}$$

と書き換える．ここで，角周波数が 0 のときと ∞ のときの $T(\omega)$ を計算すると，

$$|T(0)| = \lim_{\omega \to 0} \sqrt{\frac{\omega^2 C^2 R^2}{1 + \omega^2 C^2 R^2}} = 0 \tag{8.11}$$

$$|T(\infty)| = \lim_{\omega \to \infty} \sqrt{\frac{\omega^2 C^2 R^2}{1 + \omega^2 C^2 R^2}} = \lim_{\omega \to \infty} \sqrt{\frac{2\omega C^2 R^2}{2\omega C^2 R^2}} = \lim_{\omega \to \infty} \sqrt{\frac{2 C^2 R^2}{2 C^2 R^2}} = 1 \tag{8.12}$$

となる．このことから，周波数が低い場合（ω が小さく 0 に近づく場合）は $|T(\omega)|$ は 0 に近づくので，低周波領域は遮断されているということができる．逆に周波数が低い場合（ω が大きく ∞ に近づく場合）は $|T(\omega)|$ は 1 に近づくので，高周波領域は通過しているということができる[3]．このため，高域を通過させるフィルタということで，高域フィルタと呼ぶのである．

　このフィルタにおいて $|T(\omega)|$ が $1/\sqrt{2}$ となる周波数 ω_c をカットオフ周波数（遮断周波数）と

2　　式 (8.9) のような複雑な分数式（繁分数式）は，$T(\omega) = \dfrac{R}{R + \dfrac{1}{j\omega C}} = \dfrac{R \times j\omega C}{\left(R + \dfrac{1}{j\omega C} \right) \times j\omega C} = \dfrac{j\omega CR}{1 + j\omega CR}$ として簡単化

を行う．

3　　ロピタルの定理は，分数式の極限を求める際に，分母と分子がともに 0 になるか，分母と分子がともに無限大になる場合の極限値を求める方法であり，$\lim_{x \to c} \dfrac{f(x)}{g(x)} = \lim_{x \to c} \dfrac{f'(x)}{g'(x)} = L$ なる方法で有限の極限値を求めることができる．

呼ぶ．この高域フィルタの場合にはカットオフ周波数 ω_c は，

$$|T(\omega_c)| = \sqrt{\frac{\omega_c{}^2 C^2 R^2}{1 + \omega_c{}^2 C^2 R^2}} = \sqrt{\frac{1}{2}} \tag{8.13}$$

における ω_c を求めればよいので，両辺の根号の内部を見ると，

$$\frac{\omega_c{}^2 C^2 R^2}{1 + \omega_c{}^2 C^2 R^2} = \frac{1}{2} \tag{8.14}$$

となるので，この式を整理すると，

$$\omega_c^2 C^2 R^2 = 1 \tag{8.15}$$

となることから

$$\omega_c = \frac{1}{CR} \tag{8.16}$$

となる．ここで求まった ω_c より高い周波数は通過して ω_c より低い周波数を遮断する高域フィルタであるということができる．

8.3　低域フィルタ

　図 8.3 に示すような RC 直列回路で，コンデンサ C を出力端とした回路を低域フィルタという．低域フィルタとは，高周波の信号を低減して低周波の信号だけを通過させようとするものである．

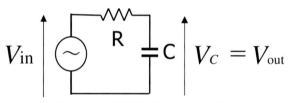

図 8.3　RC 直列回路（低域フィルタ）

　この回路において，入力電圧 V_{in} と電流 I との関係，ならびに出力電圧 V_{out} と電流 I との関係は次式で表される．

$$V_{\mathrm{in}} = \left(R + \frac{1}{j\omega C} \right) I \tag{8.17}$$

$$V_{\mathrm{out}} = \frac{1}{j\omega C} I \tag{8.18}$$

この RC 直列回路における入力と出力との関係を伝達関数 $T(\omega)$ で表すと，

$$T(\omega) = \frac{V_{\mathrm{out}}}{V_{\mathrm{in}}} = \frac{\dfrac{1}{j\omega C}}{R + \dfrac{1}{j\omega C}} = \frac{1}{1 + j\omega CR} \tag{8.19}$$

である．実際には，まず角周波数 ω の変化に対する $T(\omega)$ の大きさ $|T(\omega)|$ の変化がわかるとよいので，

$$|T(\omega)| = \left| \frac{1}{1 + j\omega CR} \right| = \sqrt{\frac{1}{1 + \omega^2 C^2 R^2}} \tag{8.20}$$

と書き換える．ここで，角周波数が 0 のときと ∞ のときの $T(\omega)$ を計算すると，

$$|T(0)| = \lim_{\omega \to 0} \sqrt{\frac{1}{1 + \omega^2 C^2 R^2}} = 1 \tag{8.21}$$

$$|T(\infty)| = \lim_{\omega \to \infty} \sqrt{\frac{1}{1 + \omega^2 C^2 R^2}} = 0 \tag{8.22}$$

となる．このことから，周波数が低い場合（ω が小さく 0 に近づく場合）は $|T(\omega)|$ は 0 に近づくので，低周波領域は遮断されているということができる．逆に周波数が低い場合（ω が大きく ∞ に近づく場合）は $|T(\omega)|$ は 1 に近づくので，高周波領域は通過しているということができる．このため，高域を通過させるフィルタということで，高域フィルタと呼ぶのである．

このフィルタにおいて $|T(\omega)|$ が $1/\sqrt{2}$ となる周波数 ω_c をカットオフ周波数（遮断周波数）と呼ぶ．この高域フィルタの場合にはカットオフ周波数 ω_c は，

$$|T(\omega_c)| = \sqrt{\frac{{\omega_c}^2 C^2 R^2}{1 + {\omega_c}^2 C^2 R^2}} = \sqrt{\frac{1}{2}} \tag{8.23}$$

における ω_c を求めればよいので，両辺の根号の内部を見ると，

$$\frac{{\omega_c}^2 C^2 R^2}{1 + {\omega_c}^2 C^2 R^2} = \frac{1}{2} \tag{8.24}$$

となるので，この式を整理すると，

$$\omega_c^2 C^2 R^2 = 1 \tag{8.25}$$

となることから

$$\omega_c = \frac{1}{CR} \tag{8.26}$$

となる．ここで求まった ω_c より低い周波数は通過して，ω_c より高い周波数を遮断する低域フィルタであるということができる．

8.4 帯域フィルタ

ここでは図 8.4 に示す RLC 直列回路において，R を出力端とした場合を考え，帯域フィルタとなることを説明する．

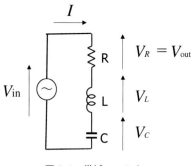

図 8.4　帯域フィルタ

　図 8.4 に示すような RLC 直列回路において入力電圧 V_{in} と出力電圧 V_{out} との関係は次式のように表される.

$$V_{\mathrm{in}} = \left(R + j\omega L + \frac{1}{j\omega C} \right) I \tag{8.27}$$

$$V_{\mathrm{out}} = RI \tag{8.28}$$

　この 2 つの式より, 伝達関数 $T(\omega)$ は,

$$T(\omega) = \frac{V_{\mathrm{out}}}{V_{\mathrm{in}}} = \frac{R}{R + j\omega L + \dfrac{1}{j\omega C}} = \frac{j\omega CR}{1 - \omega^2 LC + j\omega CR} \tag{8.29}$$

となる. この場合であるが, 伝達関数の大きさ $|T(\omega)|$ が最大となる ω を求めると,

$$\frac{d|T(\omega)|}{d\omega} = 0 \tag{8.30}$$

を満足する ω であることから,

$$\omega_0 = \frac{1}{\sqrt{LC}} \tag{8.31}$$

である. この ω_0 を中心とした周波数の信号を通過させ, それよりも非常に高い周波数や非常に低い周波数の信号を遮断することができるため, このフィルタを帯域フィルタと呼ぶのである.

　この角周波数 ω と $|T(\omega)|$ との関係を図 8.5 に示す. ω_0 で $|T(\omega)|$ が最大となることがわかる. なお, 縦軸も横軸も対数表示をすると直線状の変化となることがわかる.

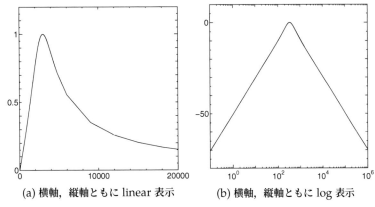

(a) 横軸, 縦軸ともに linear 表示 　　(b) 横軸, 縦軸ともに log 表示

図 8.5　バンドパスフィルタの周波数特性

演習問題

問題 8.1

　図 8.2 に示す高域フィルタおいて, カットオフ周波数 ω_c におけるゲインはいくらか. 単位は [dB] で示すものとし, ゲインの最大値は 0dB であるものとする.
（ヒント：単位を [dB] で表すときは, ゲイン G は $G = 20\log_{10}(V_{\mathrm{out}}/V_{\mathrm{in}})$ として計算する）

問題 8.2

　図 8.2 に示す低域フィルタおいて, カットオフ周波数 ω_c を 1kHz に選びたい. 抵抗 $R = 10\mathrm{k}\Omega$ とした場合, コンデンサ C の容量はいくらか.

問題 8.3

　図 8.4 に示す帯域フィルタおいて, 共振周波数 ω_c を 1MHz に選びたい. インダクタンス $L = 1\mathrm{mH}$ とした場合, コンデンサ C の容量はいくらか.

問題 8.4

　図 8.6 に示す RLC 並列回路における入力電圧 V_{in} と電流 I との関係を示せ.
（ヒント：キルヒホッフの法則）

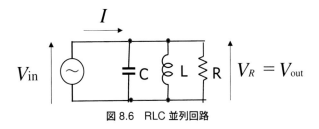

図 8.6　RLC 並列回路

第9章

離散フーリエ変換

　ある一定の数式にて与えられる信号波形に対し
てはフーリエ係数を計算でき，周波数領域におい
ては信号の性質を調査することができる．しか
し，実際に観測される信号は関数で表現されるこ
とがまれであり，表現できたとしても，それはあ
くまでも近似的な数式である．

　離散化されたディジタル信号であっても，
フーリエ係数が求められれば，大変便利であ
る．これは離散フーリエ変換 (Discrete Fourier
Transform: DFT) によって実現されるのであ
る．本章では，離散フーリエ変換の扱いについて
学ぶ．

9.1　離散フーリエ変換の式

もし，$x(t)$ が周期 T による周期関数である場合，$x(t)$ のフーリエ級数展開式は，次式のように表される．

$$x(t) = \sum_{k=-\infty}^{\infty} C_k e^{j\omega t} \tag{9.1}$$

ただし，ω は，

$$\omega = \frac{2\pi}{T} \tag{9.2}$$

である．また，フーリエ係数 C_k は，

$$C_k = \frac{1}{T} \int_{-T/2}^{T/2} x(t) e^{-jk\omega t} dt \tag{9.3}$$

である．いま，図 9.1 に示すように，$x(t)$ が等間隔 τ でサンプリングされた N 個のサンプリングデータで与えられている場合を考える．

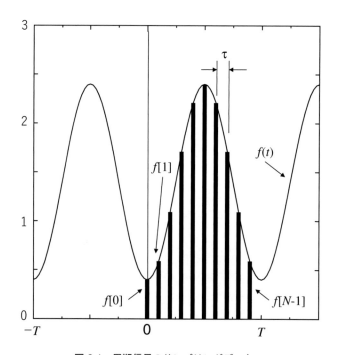

図 9.1　周期信号のサンプリングデータ

基本区間を $[0, T]$ とすると，サンプリング点は，

$$t_i = i\tau = \frac{iT}{N} \qquad (i = 0, 1, 2, \ldots, N-1) \tag{9.4}$$

と書くことができ[1]，サンプリングデータは

1　$\omega t_i = \dfrac{2\pi}{T} \cdot i\dfrac{T}{N} = \dfrac{2\pi i}{N}$　$\tau = \dfrac{T}{N}$ を用いる．

$$x[i] = x\left(\frac{iT}{N}\right) \qquad (i = 0, 1, 2, \ldots, N-1) \tag{9.5}$$

である.

ところで，離散化された $x[i]$ に対して，式 (9.3) の積分は，次式のような積和の形式で書くことができる.

$$C_k = \frac{1}{T}\sum_{i=0}^{N-1} x[i]e^{-jk\omega t_i}\tau = \frac{1}{N}\sum_{i=0}^{N-1} x[i]e^{-j\frac{2\pi}{N}ki} \tag{9.6}$$

この式 (9.6) を離散フーリエ変換と呼ぶ．ここで，連続信号に対するフーリエ係数が無限に発生するにもかかわらず，離散フーリエ変換ではデータの個数は N 個であることに注意する必要がある.

実際には，式 (9.6) から無限個の C_k が計算できるが，後述のような周期性により，データの個数は N 個で十分であるといえる．式 (9.6) の逆変換は，式 (9.1) を直接離散化すればよく，

$$x[i] = \sum_{i=0}^{N-1} C_k e^{j\frac{2\pi}{N}ki} \qquad (i = 0, 1, 2, \ldots, N-1) \tag{9.7}$$

を離散フーリエ逆変換 (Inverse Discrete Fourier Transform: IDFT) と呼ばれる．これも積和の個数は N 個である.

ところで，式 (9.6) には $1/N$ があるが，式 (9.7) には $1/N$ が付いていない．式 (9.6) の $1/N$ は N の増加とともに C_k の値が大きくなることを避けるために必要なものである[2].

続いて，DFT を計算する場合に，ここまで指数関数での表記をしたが，三角関数による表記を考える．オイラーの公式[3]を用いると，式 (9.6) は，

$$\begin{aligned} C_k &= \frac{1}{N}\sum_{i=0}^{N-1} x[i]\left\{\cos\frac{2\pi}{N}ki - j\sin\frac{2\pi}{N}ki\right\} \\ &= A_k + B_k \end{aligned} \tag{9.8}$$

と書くことができる．ここで，

$$A_k = \frac{1}{N}\sum_{i=0}^{N-1} x[i]\cos\frac{2\pi}{N}ki \tag{9.9}$$

$$B_k = -\frac{1}{N}\sum_{i=0}^{N-1} x[i]\sin\frac{2\pi}{N}ki \tag{9.10}$$

である．これを用いて，IDFT は式 (9.7) より，以下のように書くことができる.

$$x[i] = \sum_{i=0}^{N-1} C_k e^{j\frac{2\pi}{N}ki} \tag{9.11}$$

---

[2] 式 (9.6) に $1/N$ がついておらず，式 (9.7) に $1/N$ が付いていてもよい．また，式 (9.6) に $1/\sqrt{N}$ がついていて，式 (9.7) にも $1/\sqrt{N}$ が付いていてもよいのである.

[3] オイラーの公式は $e^{j\theta} = \cos\theta + j\sin\theta$ と書くことができる.

$$= \sum_{i=0}^{N-1} (A_k + jB_k) \left(\cos \frac{2\pi}{N} ki + j \sin \frac{2\pi}{N} ki \right) \tag{9.12}$$

$$= \sum_{i=0}^{N-1} \left(A_k \cos \frac{2\pi}{N} ki + B_k \sin \frac{2\pi}{N} ki \right)$$

$$+ j \sum_{i=0}^{N-1} \left(A_k \sin \frac{2\pi}{N} ki + B_k \cos \frac{2\pi}{N} ki \right) \tag{9.13}$$

$$= \sum_{i=0}^{N-1} \left(A_k \cos \frac{2\pi}{N} ki + B_k \sin \frac{2\pi}{N} ki \right) \tag{9.14}$$

なお，以下のように，式 (9.13) の虚部は常に 0 となる．

$$\sum_{i=0}^{N-1} \left(A_k \sin \frac{2\pi}{N} ki + B_k \cos \frac{2\pi}{N} ki \right)$$

$$= \sum_{i=0}^{N-1} \left(\sum_{i=0}^{N-1} x[i] (\cos \frac{2\pi}{N} ki \sin \frac{2\pi}{N} ki - \sin \frac{2\pi}{N} ki \cos \frac{2\pi}{N} ki) \right)$$

$$= 0 \tag{9.15}$$

9.2　離散フーリエ変換の特徴

離散フーリエ変換 (DFT) によって得られた結果（FFT であっても結果は同じ）を理解する上で，解析的に得られるフーリエ係数の厳密解と，離散フーリエ変換によって得られた結果との差異を把握することが目的である．

9.2.1　スペクトルの周期性

式 (9.6) より，N 個シフトしたフーリエ係数は，

$$C_{k+N} = \frac{1}{T} \sum_{i=0}^{N-1} x[i] e^{-j \frac{2\pi}{N}(k+N)i}$$

$$= \frac{1}{T} \sum_{i=0}^{N-1} x[i] e^{-j \frac{2\pi}{N}ki} e^{-2j\pi i}$$

$$= \frac{1}{T} \sum_{i=0}^{N-1} x[i] e^{-j \frac{2\pi}{N}ki}$$

$$= C_k \tag{9.16}$$

となるので，DFT によって得られるフーリエ係数は N の周期を持っている，ということができる．このことから，C_k は無限個計算することが可能であるが，それらは $k = 0 \sim N-1$ のいずれかと一致するので，データ数と同じ N 個だけ計算すればよいのである．

9.2.2 スペクトルの対称性

式 (9.6) より，DFT における負の次数 ($k = -1, -2, -3, \cdots$) のスペクトル（フーリエ係数）は，$N = 8$ であるとき，$k = 7, 6, 5 \cdots$ に現れる．このことを一般式で示すと，

$$
\begin{aligned}
C_{N-k} &= \frac{1}{T} \sum_{i=0}^{N-1} x[i] e^{-j\frac{2\pi}{N}(N-k)i} \\
&= \frac{1}{T} \sum_{i=0}^{N-1} x[i] e^{-j\frac{2\pi}{N}(-k)i} e^{-2j\pi i} \\
&= \frac{1}{T} \sum_{i=0}^{N-1} x[i] e^{-j\frac{2\pi}{N}(-k)i} \\
&= C_{-k}
\end{aligned}
\tag{9.17}
$$

となるので，DFT によって得られるフーリエ係数 C_k の実数部については $k = 0$ を中心に，左右対称であり，虚数部については $k = 0$ を中心に点対称であることがわかる．

9.2.3 DFT の計算例

ここでは，実際に図 9.2 に示すような方形波に対して DFT を用いた計算を行う．DFT を用いる場合には，サンプリングを行う区間に $[-T/2, T/2]$ ではなく $[0, T]$ の領域を考えるものとする．また，不連続点では 2 点間の中心値を用いることとする．ここで，$N = 8$ のときのサンプリングデータは，次式のようになる．

$$
x[i] = \{1, 1, 0.5, 0, 0, 0, 0.5, 1\}
\tag{9.18}
$$

ここで，式 (9.14) により A_k, B_k を求めると，$x[t]$ は偶関数であることより，実数部だけとると考えることができる．その結果について，解析解であれば，

$$
C_k = \frac{t_w}{T} \mathrm{sinc}\left(k\pi \frac{t_w}{T}\right)
\tag{9.19}
$$

となるが，$t_w/T = 0.5$ として求めることができる．なお，本章では τ をサンプリング間隔，t_w をパルス幅の記号としている．

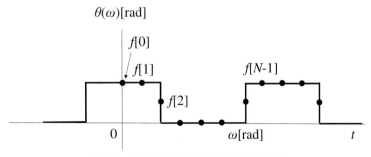

図 9.2 DFT を行うためのデータのとり方

DFT の結果は図 9.3 のようになるが，$k = N/2$ を中心に左右対称となり，A_5, A_6, A_7 は解

析解の C_{-1}, C_{-2}, C_{-3} に相当していることがわかる．すなわち，解析解と比較可能であるのは $k = 0 \sim N/2$ に対してだけである．

このように少ないサンプリング点数から成り立つサンプリングデータに対してでも，直流分は完全に一致し，基本は成分も一致していることがわかる．一般的に，$N/2$ に近くなるほど誤差が大きくなる．

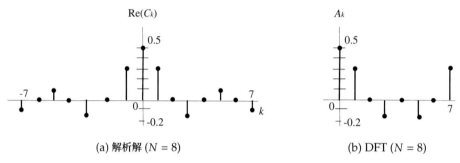

(a) 解析解 $(N = 8)$　　　　　　　(b) DFT $(N = 8)$

図 9.3　方形波に対するスペクトルの比較

演習問題

問題 9.1

4 点データ $x[0] = 1,\ x[1] = 1,\ x[2] = 0,\ x[3] = 1$ に関する 4 点 DFT を求めよ．

問題 9.2

$x(n) = \sin(\omega_c n)$ の DFT を $0 \le k < N$ の範囲で求めよ．ただし，$\omega_c = 6\pi/N,\ N > 3$ とする．

第**10**章

高速フーリエ変換

　信号をフーリエ解析する際に，DFT は必ず知っておく必要があるとされている．ところが，実際にコンピュータ上での演算や，ハードウェア実装を行うにあたっては，計算時間や計算コストが非常に大きいという問題があった．もし同じ計算結果を得ることができるのであれば，可能な限り，計算時間や計算コストが少なくなるようなアルゴリズムによる計算方法が望ましい．

　このことから，フーリエ変換の計算を行う際に計算コストをできる限り少なくするための高速フーリエ変換 (Fase Fourier Transform: FFT) のアルゴリズムが研究された．

　本章では，実用上重要な FFT のアルゴリズムを解説する．

10.1　高速フーリエ変換の原理

DFT によるフーリエ係数の計算式は，

$$C_k = \frac{1}{N} \sum_{i=0}^{N-1} x[i] e^{-j\frac{2\pi}{N}ki} \tag{10.1}$$

である．ここで，以下に示すような複素指数関数 W について見てみることにする．

$$W = e^{-j\frac{2\pi}{N}} = \cos\frac{2\pi}{N} - j\sin\frac{2\pi}{N} \tag{10.2}$$

ところで，$n = ki$ とすると，W^i は図 10.1 に示すように複素平面の原点中心に単位円の円周上を N 等分した点を表し，その点は n の増加とともに負方向（時計回り）に $1/N$ 刻みで回転する．このことから，W は位相回転因子と呼ばれる．図 10.1 のように $N = 8$ の場合，

$$W^8 = W^0, W^9 = W^1, \cdots$$

なる周期性が存在する．この周期性を一般式で示すと，次式のようになる．

$$W^n = W^{n \bmod N} \tag{10.3}$$

ここで，$n \bmod N$ は n を N で割った余りを意味する．

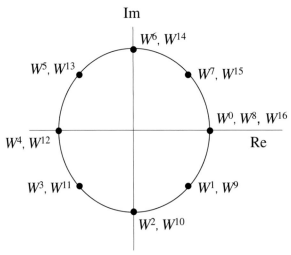

図 10.1　位相回転因子 W のべき乗 ($N = 8$)

また，$W^4 = -W^0$，$W^5 = -W^1 \cdots$ のような対称性も存在することから，

$$W^n = -W^{n-N/2} \tag{10.4}$$

と示すことができる．このように W^n の周期性と対称性を利用することで，DFT に必要な乗算回数を大幅に減少できると考えられる．

さて，位相回転因子 W を用いて DFT の式（式 (10.1)）を書き換えると，

$$
\begin{bmatrix} C_0 \\ C_1 \\ C_2 \\ C_3 \end{bmatrix} = \begin{bmatrix} W^0 & W^0 & W^0 & W^0 \\ W^0 & W^1 & W^2 & W^3 \\ W^0 & W^2 & W^4 & W^6 \\ W^0 & W^3 & W^6 & W^9 \end{bmatrix} \begin{bmatrix} x[0] \\ x[1] \\ x[2] \\ x[3] \end{bmatrix} \tag{10.5}
$$

となる.ここで,偶数番目のグループ $\{x[0], x[2]\}$ と奇数番目のグループ $\{x[1], x[3]\}$ に行列を分割すると,次式のように書き表すことができる.

$$
\begin{bmatrix} C_0 \\ C_1 \\ C_2 \\ C_3 \end{bmatrix} = \begin{bmatrix} W^0 & W^0 & W^0 & W^0 \\ W^0 & W^2 & W^1 & W^3 \\ W^0 & W^4 & W^2 & W^6 \\ W^0 & W^6 & W^3 & W^9 \end{bmatrix} \begin{bmatrix} x[0] \\ x[2] \\ x[1] \\ x[3] \end{bmatrix} \tag{10.6}
$$

$$
= \begin{bmatrix} W^0 & W^0 \\ W^0 & W^2 \\ W^0 & W^4 \\ W^0 & W^6 \end{bmatrix} \begin{bmatrix} x[0] \\ x[2] \end{bmatrix} + \begin{bmatrix} W^0 & W^0 \\ W^1 & W^3 \\ W^2 & W^6 \\ W^3 & W^9 \end{bmatrix} \begin{bmatrix} x[1] \\ x[3] \end{bmatrix} \tag{10.7}
$$

$$
= \begin{bmatrix} W^0 & W^0 \\ W^0 & W^2 \\ W^0 & W^4 \\ W^0 & W^6 \end{bmatrix} \begin{bmatrix} x[0] \\ x[2] \end{bmatrix} + \begin{bmatrix} W^0 \\ W^1 \\ W^2 \\ W^3 \end{bmatrix} \begin{bmatrix} W^0 & W^0 \\ W^0 & W^2 \\ W^0 & W^4 \\ W^0 & W^6 \end{bmatrix} \begin{bmatrix} x[1] \\ x[3] \end{bmatrix} \tag{10.8}
$$

$$
= \begin{bmatrix} 1 & W^0 \\ 1 & -W^0 \\ 1 & W^0 \\ 1 & -W^0 \end{bmatrix} \begin{bmatrix} x[0] \\ x[2] \end{bmatrix} + \begin{bmatrix} W^0 \\ W^1 \\ W^2 \\ W^3 \end{bmatrix} \begin{bmatrix} 1 & W^0 \\ 1 & -W^0 \\ 1 & W^0 \\ 1 & -W^0 \end{bmatrix} \begin{bmatrix} x[1] \\ x[3] \end{bmatrix} \tag{10.9}
$$

式 (10.9) については,図 10.2 に示すようなバタフライ演算を用いて計算過程を考える.すると,式 (10.9) におけるマトリクスとデータとの乗算部分については図 10.3 のように示すことができる.

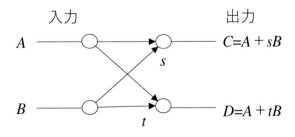

図 10.2 バタフライ演算の規則

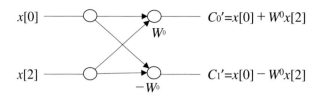

(a) 式 (10.9) 右辺の第 1 項の部分の上段と下段

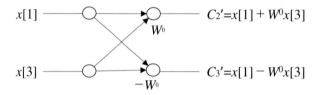

(b) 式 (10.9) の右辺の第 2 項の部分の上段と下段

図 10.3　初回のバタフライ演算

　このように，1 つのバタフライ演算では符号が異なるだけで 1 つの入力データに同じ係数が掛けられていることから，1 回のバタフライ演算では 1 回の乗算で済むことがわかる．すなわち，1 回目のバタフライ演算の出力結果を，$\{C'_1, C'_2, C'_3, C'_4\}$ とすれば，式 (10.9) は次式のように書くことができる．

$$\begin{bmatrix} C_0 \\ C_1 \\ C_2 \\ C_3 \end{bmatrix} = \begin{bmatrix} C'_0 \\ C'_1 \\ C'_0 \\ C'_1 \end{bmatrix} + \begin{bmatrix} W^0 \\ W^1 \\ -W^0 \\ -W^1 \end{bmatrix} \begin{bmatrix} C'_2 \\ C'_3 \\ C'_2 \\ C'_3 \end{bmatrix} \tag{10.10}$$

また，この式を 2 つのグループに分割すると，次式のようになる．

$$\begin{bmatrix} C_0 \\ C_2 \end{bmatrix} = \begin{bmatrix} C'_0 \\ C'_0 \end{bmatrix} + \begin{bmatrix} W^0 \\ -W^0 \end{bmatrix} \begin{bmatrix} C'_2 \\ C'_3 \end{bmatrix} \tag{10.11}$$

$$= \begin{bmatrix} 1 & W^0 \\ 1 & -W^0 \end{bmatrix} \begin{bmatrix} C'_2 \\ C'_3 \end{bmatrix} \tag{10.12}$$

$$\begin{bmatrix} C_1 \\ C_3 \end{bmatrix} = \begin{bmatrix} C'_1 \\ C'_1 \end{bmatrix} + \begin{bmatrix} W^1 \\ -W^1 \end{bmatrix} \begin{bmatrix} C'_3 \\ C'_3 \end{bmatrix} \tag{10.13}$$

$$= \begin{bmatrix} 1 & W^1 \\ 1 & -W^1 \end{bmatrix} \begin{bmatrix} C'_1 \\ C'_3 \end{bmatrix} \tag{10.14}$$

　この式 (10.12), 式 (10.14) をまとめて図示すると，図 10.4 のようになる．さらに，図 10.3 と図 10.4 をまとめると図 10.5 のように書き表すことができる．このように 2 回のバタフライ演算のペアは，2 段ずれたデータと組まれていることに注意すれば，FFT の概念は図 10.5 のようにまずデータを並び換えて，次にバタフライ演算を次々に実行する，というように行われることが

わかる.

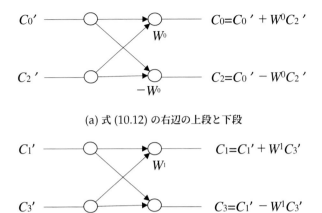

(a) 式 (10.12) の右辺の上段と下段

(b) 式 (10.14) の右辺の上段と下段

図 10.4　式 (10.10) のバタフライ演算

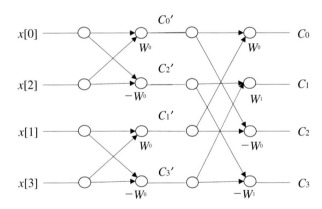

図 10.5　4 点 FFT における全体のバタフライ演算

10.2　FFT のアルゴリズム

　先述の FFT のような一見複雑に見える計算であっても，実際には同じような計算を何度も繰り返していることが多いため，プログラミングにおいては，普遍的な規則性を見出してむだな計算を極力避けることが重要となってくる．この FFT のアルゴリズムにおいては，データの並び換え（シャフリング）とバタフライ演算の規則性を見出すこととする．ここでは，規則性を示しやすくするという観点から，データ数を $N = 4$ ではなく $N = 8$ で説明をする.

10.2.1　データの並び換え

　時間間引き FFT では，最初にデータの並び換え（シャフリング：shuffling）を行う．その手順を示す．

　まず，1 回目は偶数番目のデータのグループ $(x[0], x[2], x[4], x[6])$ と奇数番目のデータのグループ $(x[1], x[3], x[5], x[7])$ に分割する．

$$原データ：\{x[0], x[1], x[2], x[3], x[4], x[5], x[6], x[7]\} \tag{10.15}$$

$$1 回目：\{x[0], x[2], x[4], x[6]\}, \{x[1], x[3], x[5], x[7]\} \tag{10.16}$$

　次に，分割された前半のグループ（偶数番目のデータのグループ）については，そのグループのなかで奇数番目のグループと偶数番目のグループとに分割し，後半のグループ（奇数番目のデータのグループ）についても同様な処理を行う．

$$1 回目：\{x[0], x[2], x[4], x[6]\}, \{x[1], x[3], x[5], x[7]\} \tag{10.17}$$

$$2 回目：\{x[0], x[4]\}, \{x[2], x[6]\}, \{x[1], x[5]\}, \{x[3], x[7]\} \tag{10.18}$$

　このように，2 回目以降もそれぞれのグループ（{ } で囲まれた部分）のなかで 1 グループにおけるデータ数が 2 個になるまで同様な処理を繰り返す．

　一般的に，$N = 2^M$ とすると，このようなシャフリングは $M - 1$ 回の並び換えによって完了することがわかる．並び換え後の 10 進数ではランダムに見えるのだが，2 進数ではその規則性がよくわかるものである．これは上位ビットと下位ビットの数値が逆転しているからである．このような並び換えられた信号値の順序関係をビット反転 (bit reversal) と呼んでいる．

　ビット反転が行われていることについて，表 10.1 を用いて確かめることにする．実際に，並び換えの前後では，各 2 進数の並びが逆転していることがわかる．ここでは $N = 8$ の場合の事例について示したが，$N = 2^M$（M は整数）のすべての整数 N について成立する普遍的なものである．

表 10.1　データの並び換え

元の番号 (I)		並び換え後 (J)	
10 進数	2 進数	10 進数	2 進数
0	000	0	000
1	001	4	100
2	010	2	010
3	011	6	110
4	100	1	001
5	101	5	101
6	110	3	011
7	000	7	111

10.2.2　バタフライ演算

　ここでは $N = 8$ の FFT におけるバタフライ演算の部分について述べる．前項では $N = 4$ の

場合について述べているが，$N = 8$ の場合には，図 10.6 に示すようにバタフライのような形状が 1 段多くなっていることがわかる．

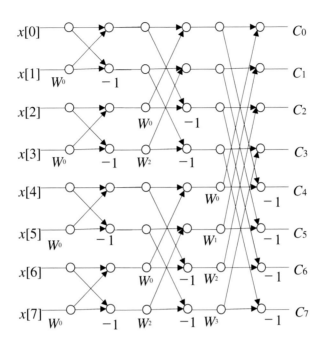

図 10.6　8 点 FFT における全体のバタフライ演算

ここで，$N = 2^M$ であるとすれば，この信号の流れ図は M 段で構成される．それぞれの段をステージ L と呼ぶこととする．このステージ L のバタフライ演算を抽出すると，図 10.7 のようになる．

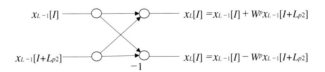

図 10.7　ステージ L におけるバタフライ演算

ある行番号 I に対してペアとなる行番号は $I + L_{p2}$ となる．ただし，$L_{p2} = L_p/2$，$L_p = 2^L$ である．それぞれのステージにおいて $N/2$ 回のバタフライ演算が存在するが，全ステージの出力に掛ける係数 W^p は各ステージで異なっており，ステージ 1 では W^0 だけ，ステージ 2 では W^0 と W^2，ステージ 3 では $W^0 \sim W^3$ となっていることがわかる．これを表 10.2 にまとめる．

ここで $W = e^{-j2\pi/N}$ であるから，各ステージの上位におけるバタフライ演算と下位のバタフライ演算との差 D は，

$$D = -j\frac{2\pi}{L_p} = -j\frac{\pi}{L_{p2}} \tag{10.19}$$

117

表 10.2　バラフライ演算のパラメータ

L	1	2	3	$\cdots$	N
L_p	2	4	8	$\cdots$	2^N
L_{p2}	1	2	4	$\cdots$	2^{N-1}
W^p	W^0	W^0,W^1	$W^0 \cdots W^3$	$\cdots$	$W^0 \cdots W^{L_{p2}}$

であるので,

$$W^P = e^{DJ} \qquad (J = 0, 1, 2, \ldots, L_{p2} - 1) \tag{10.20}$$

と書くことができる. そして, それぞれの W^P（すなわち角 J）に対して $I = 0$ から L_p 間隔で N/L_p 回のバタフライ演算を行っている.

　このとき, 入力データが実数であったとしても, バタフライ演算の過程や最終結果では複素数が存在するため, 複素数において実数部と虚数部とに分けて計算をする.

$$x[I] = x_r[I] + jx_i[I] \tag{10.21}$$

$$W^p = e^{[DJ]} = \cos DJ + j \sin DJ = C + jS \tag{10.22}$$

$$IW = I + L_{p2} \tag{10.23}$$

とおくと, 図 10.7 の計算は, 次式のように書くことができる.

$$x_L I = x_{L-1}[i] + W^P x_{L-1}[IW] \tag{10.24}$$

$$= x_{r(L-1)}[I] + jx_{i(L-1)}[I]$$
$$+ (C + jS)(x_r(L-1)[IW] + jx_{i(L-1)}[IW]) \tag{10.25}$$

$$= x_{r(L-1)}[I] + x_{r(L-1)}[IW]C - x_i(L-1)[IW]S$$
$$+ j(x_{i(L-1)}[I] + x_{r(L-1)}[IW]S + x_{i(L-1)}[IW]C) \tag{10.26}$$

$$= x_{r(L-1)}[I] + WR + j(x_{i(L-1)}[I] + WI) \tag{10.27}$$

すなわち,

$$x_{rL}[i] = x_{r(L-1)}[I] + WR \tag{10.28}$$

$$x_{iL}[i] = x_{i(L-1)}[I] + WI \tag{10.29}$$

である. ただし,

$$WR = x_{r(L-1)}[IW]C + x_{i(L-1)}[IW]S \tag{10.30}$$

$$WI = x_{r(L-1)}[IW]S + x_{i(L-1)}[IW]C \tag{10.31}$$

$$x_{rL}[IW] = x_{r(L-1)}[I] - WR \tag{10.32}$$

$$x_{iL}[IW] = x_{i(L-1)}[I] - WI \tag{10.33}$$

である.

10.3 逆高速フーリエ変換 (IFFT)

離散フーリエ変換

$$X[k] = \frac{1}{N} \sum_{i=0}^{N-1} e^{-j\frac{2\pi}{N}ki} \quad (k = 0, 1, \ldots, N-1) \tag{10.34}$$

に対する逆離散フーリエ変換は

$$x[i] = \sum_{k=0}^{N-1} e^{j\frac{2\pi}{N}ki} \quad (i = 0, 1, \ldots, N-1) \tag{10.35}$$

である．式 (10.34) と式 (10.35) を比較すると，偏角の符号と計算結果を N で割るかどうかの差異があるということは想像できる．ここで，FFT と逆高速フーリエ変換 (Inverse FFT: IFFT) との比較を考えることにする．

式 (10.34) を 4 点 FFT の形式で表すとすれば，次式のようになる．

$$\begin{bmatrix} X[0] \\ X[1] \\ X[2] \\ X[3] \end{bmatrix} = \begin{bmatrix} W^0 & W^0 & W^0 & W^0 \\ W^0 & W^1 & W^2 & W^3 \\ W^0 & W^2 & W^4 & W^6 \\ W^0 & W^3 & W^6 & W^9 \end{bmatrix} \begin{bmatrix} x[0] \\ x[1] \\ x[2] \\ x[3] \end{bmatrix} \tag{10.36}$$

式 (10.35) を同様な形式で表すとすれば，次式のようになる．

$$\begin{bmatrix} x[0] \\ x[1] \\ x[2] \\ x[3] \end{bmatrix} = \begin{bmatrix} W^0 & W^0 & W^0 & W^0 \\ W^0 & W^{-1} & W^{-2} & W^{-3} \\ W^0 & W^{-2} & W^{-4} & W^{-6} \\ W^0 & W^{-3} & W^{-6} & W^{-9} \end{bmatrix} \begin{bmatrix} X[0] \\ X[1] \\ X[2] \\ X[3] \end{bmatrix} \tag{10.37}$$

ここで，W の指数が負であることから，対称性と周期性の性質を用いて，

$$\begin{bmatrix} x[0] \\ x[1] \\ x[2] \\ x[3] \end{bmatrix} = \begin{bmatrix} W^0 & W^0 & W^0 & W^0 \\ W^0 & W^3 & W^6 & W^9 \\ W^0 & W^2 & W^4 & W^6 \\ W^0 & W^1 & W^2 & W^3 \end{bmatrix} \begin{bmatrix} X[0] \\ X[1] \\ X[2] \\ X[3] \end{bmatrix} \tag{10.38}$$

ここで，W の存在する行列の並びを式 (10.36) と同様になるように並び換えを行うと，

$$\begin{bmatrix} x'[0] \\ x'[1] \\ x'[2] \\ x'[3] \end{bmatrix} = \begin{bmatrix} x[0] \\ x[3] \\ x[2] \\ x[1] \end{bmatrix} = \begin{bmatrix} W^0 & W^0 & W^0 & W^0 \\ W^0 & W^1 & W^2 & W^3 \\ W^0 & W^2 & W^4 & W^6 \\ W^0 & W^3 & W^6 & W^9 \end{bmatrix} \begin{bmatrix} X[0] \\ X[1] \\ X[2] \\ X[3] \end{bmatrix} \tag{10.39}$$

と書き表すことができる．このことから，IFFT を行う際は，

1. $X[k]$ の DFT を FFT アルゴリズムにより計算する．

2. 計算における利得 $1/N$ を修正する．

3. 結果を並び換える．

の 3 点を注意すれば，先述の FFT アルゴリスムを用いた計算ができるといえる．

演習問題

問題 10.1

図 10.6，図 10.7 を参考に 16 点 FFT のバタフライ演算を図示せよ．

第**11**章

窓関数

　信号の長さが適当な有限長であれば，その周波数解析を DFT に基づいて行い，FFT アルゴリズムを使用することができる．このため，コンピュータを利用して周波数解析を容易に行うことができると考えられるが，時間信号の長さを考慮しなければならないため，実際問題として簡単なことではない．

　そこで，長い時間信号のある区間を切り出して，その切り出された信号に対して周波数解析を行う必要がある．ここでは，この信号の切り出しの方法と，切り出しの影響について説明する.

11.1　窓関数

　前章で学んだように，信号の長さが適当な有限長であれば，その周波数解析を DFT に基づいて行うことができるので，FFT アルゴリズムを使用できる可能性が高い．このため，コンピュータを利用して周波数解析を容易に行うことができる．

　しかしながら，音声信号に代表されるように，ディジタル信号において取り扱われる信号の多くは非常に長く，データ量が膨大である．このような信号の全体を一度にコンピュータを用いて処理することは一般的にはできない．なぜなら，コンピュータの能力が有限であることから，一度に処理できるデータ量には限界があることと，信号全体を取り込むのに要する膨大な遅延時間が許容されないという理由があるためである．

　そこで，長い時間信号のある区間を切り出して，それに対して周波数解析を行う必要がある．そのために必要となる関数が窓関数である．ここでは，信号の切り出しの方法と，切り出しの影響について説明する．

11.1.1　窓関数による信号の切り出し

　図 11.1 に示す信号 $x(n)$ の有限区間を切り出す方法を考える．対象となる信号 $x(n)$ に有限な範囲外で零値をとる $w(n)$ を乗算することによって，信号を取り出すものとする．すなわち，

$$x_w(n) = x(n)w(n) \tag{11.1}$$

と切り出された信号 $x_w(n)$ を解析する．切り出しに用いた有限の信号 $w(n)$ を窓関数 (window function) という．

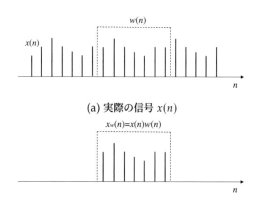

(a) 実際の信号 $x(n)$

(b) 窓関数 $w(n)$ で切り出された信号 $w(n)x(n)$

図 11.1　窓関数 $w(n)$ による信号の切り出し

　窓関数 $w(n)$ の長さ（零値以外の範囲）を適当に選べば，$x_w(n)$ の長さを自由に選択することができて，コンピュータによってそれを解析することは容易である．しかし，$x_w(n)$ の周波数スペクトルは，$x(n)$ の周波数スペクトルとは異なってしまう．このため，信号の切り出しによって周波数スペクトルの受ける影響について注意を払う必要がある．

11.1.2 切り出しの影響

例として，図 11.2 の正弦波信号の場合について説明する．この信号は，$F = 4\mathrm{Hz}$ の正弦波信号を 32Hz のサンプリング周波数 $F_S = 1/T_s$ でサンプリングした式である．これを式で表すと，

$$x(n) = \cos(\omega_0 n)$$
$$= \frac{e^{-j\omega_0 n} + e^{-j\omega_0 n}}{2} \tag{11.2}$$

である．ここで，$\omega_0 = \Omega T_s = 2\pi F/F_s = \pi/4$ である．

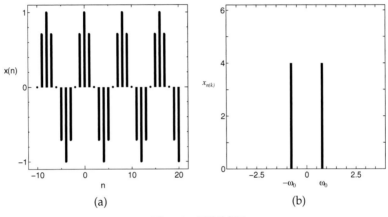

(a)　　　　　　　　　　　　　(b)

図 11.2　正弦波信号

この信号は周期的な離散時間信号であるため，解析は離散時間フーリエ級数に基づいて行われる．次式のフーリエ係数 $X_N(k)$

$$X_N(k) = \sum_{n=0}^{N-1} x_N(n) e^{-j2\pi nk/N} \tag{11.3}$$

を用いると，式 (11.2) は

$$x(n) = \frac{1}{N}(X_N(-1)e^{-j\omega_0 n} + X_N(1)e^{j\omega_0 n}) \tag{11.4}$$

と書き直すことができる．ここで，N は 1 周期の点数で $N = 8$ であり，$X(-1) = X(1) = 4$ となる．したがって，図 11.2(b) の周波数スペクトルが対応する．

次に，図 11.3 に示すように，窓関数 $w(n)$ を $X(n)$ に乗じて信号を切り出し，この $x_w(n) = x(n)w(n)$ と $x(n)$ との周波数スペクトルのちがいを見ることにする．ちがいは，信号を切り出した影響と考えることができ，図 11.3(b) に示すように図 11.2(b) とは異なるものとなった．

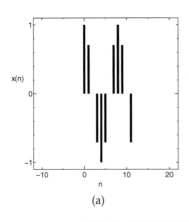
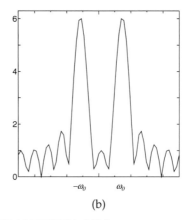

(a) (b)

図 11.3　正弦波信号を窓長 12 で切り出した場合

　その理由を説明する．式 (11.3) より，$x_w = x(n)w(n)$ は，

$$x_w(n) = \frac{1}{2}w(n)e^{-j\omega_0 n} + \frac{1}{2}w(n)e^{j\omega_0 n} \tag{11.5}$$

である．この $x_w(n)$ の離散フーリエ変換 $X_w(e^{j\omega})$ は周波数シフトの性質から，

$$X_w(e^{j\omega}) = \frac{1}{2}W(e^{j(\omega+\omega_0)}) + \frac{1}{2}W(e^{j(\omega-\omega_0)}) \tag{11.6}$$

と表現される．ただし，$W(e^{j\omega})$ は $w(n)$ の離散フーリエ変換である．このように，窓関数 $w(n)$ の離散フーリエ変換 $W(e^{j\omega})$ が周波数シフトをした形で，信号の切り出しの影響が現れることがわかる．

11.1.3　メインローブとサイドローブ

　先述における切り出しの影響をさらに詳しく見るために，窓関数の周波数スペクトル $W(e^{j\omega})$ に着目する．図 11.4(a) は，図 11.3 に示した例で用いた窓関数とそのスペクトルである．ここで $\omega = 0$ を中心に存在するスペクトルの主部をメインローブ (main lobe)，メインローブ以外のスペクトルをサイドローブ (side lobe) と呼ぶ．

　図 11.3 と図 11.2 との比較から，切り出しの影響を抑えるためには，窓関数に対して以下の条件を満たすことが望まれている．

- ●メインローブが急峻であること
- ●サイドローブが小さいこと

しかし，ある限られた長さの窓関数であれば，両者を同時に望むことはできず，お互いにトレードオフの関係である．

　また，窓関数の長さに自由度があるときには，メインローブを急峻にするために，許容できる最大の長さを使用する必要がある．たとえば，図 11.4(b) のように窓関数の長さを 2 倍にすると，スペクトルは周波数上で半分に縮小し，結果としてメインローブは急峻となる．メインローブの急峻さは近接した周波数スペクトルを持つ信号を解析する場合に，サイドローブは大きさの異なるスペクトルを解析する場合に重要である．

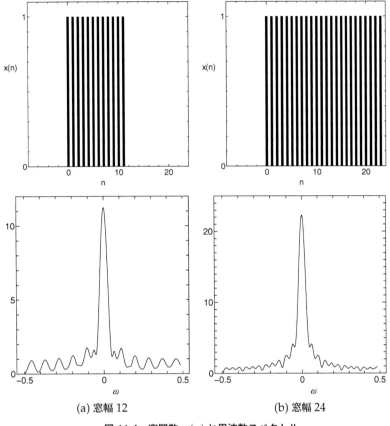

(a) 窓幅 12　　　　　　　　　(b) 窓幅 24

図 11.4　窓関数 $w(n)$ と周波数スペクトル

11.2　代表的な窓関数

窓関数のメインローブとサイドローブが，周波数解析において重要な役割を果たすことが示された．メインローブとサイドローブのちがいにより，種々の窓関数が知られている．ここでは，代表的な窓関数について述べる．

11.2.1　方形窓 (rectangular window)

図 11.5 に長さ $M = 15$ の場合の時間波形 $w(n)$ とその周波数スペクトル $W(e^{j\omega})$ を示す．方形窓は次式で与えられる．

$$w(n) = \begin{cases} 1 & (0 \leq n \leq M-1) \\ 0 & \text{その他} \end{cases} \tag{11.7}$$

ただし，周波数スペクトルは $20 \log_{10} |W(e^{j\omega})|$ なる常用対数を計算したものを用いた．この場合の単位は dB（デジベル）となる．

この窓関数は信号のひずみが少なく，基本的で単純な窓である．ただし，後述のような他の窓

関数と比較すると，サイドローブの最大値は大きくなってしまうことがわかる．

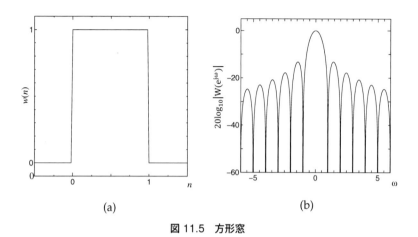

図 11.5　方形窓

11.2.2　ハニング窓 (Hanning window)

図 11.6 に長さ $M = 15$ の場合の時間波形 $w(n)$ とその周波数スペクトル $W(e^{j\omega})$ を示す．ハニング窓については次式で与えられる．

$$w(n) = \frac{1}{2}\left\{1 - \cos\frac{2\pi n}{M}\right\} \tag{11.8}$$

この窓関数は，方形窓と比較するとメインローブは広いものの，サイドローブは急速に小さくなることがわかる．

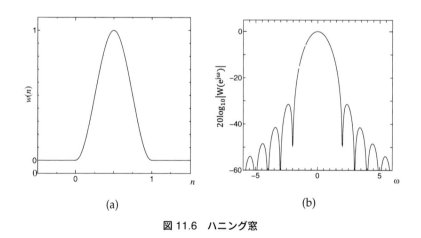

図 11.6　ハニング窓

11.2.3　ハミング窓 (Hamming window)

図 11.7 に長さ $M = 15$ の場合の時間波形 $w(n)$ とその周波数スペクトル $W(e^{j\omega})$ を示す．ハミング窓については次式で与えられる．

$$w(n) = \frac{25}{46} - \left(1 - \frac{25}{46}\right)\cos\frac{2\pi n}{M} \qquad (11.9)$$

この窓関数は，方形窓と比較すると，メインローブはハニング窓とほぼ同じであるが，サイドローブはメインローブ近傍の値が小さいことがわかる．

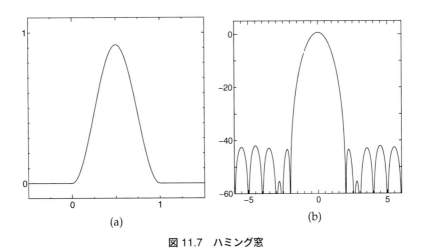

(a)　　　　　　　　(b)

図 11.7　ハミング窓

演習問題

問題 11.1

図 11.8 に示す信号は，2Hz, 3.8Hz, および 4Hz の正弦波信号

$$x(t) = \cos(8\pi t) + 0,5\cos(7.6\pi t) + 0.025\cos(4\pi t) \qquad (11.10)$$

を $F_s = 16$Hz でサンプリングしたものである．窓長 32 と 64 点の窓関数を用いて，周波数スペクトルを求めよ（コンピュータを用いた計算をお勧めする）．

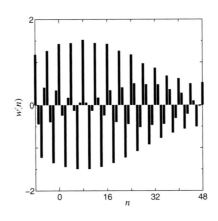

図 11.8　問題 11.1 の信号波形

第12章

ディジタルフィルタ

ディジタルフィルタは，雑音の除去，信号の帯域制限などの非常に広い応用範囲のある重要なシステムである．本章では線形時不変システムを，特にディジタルフィルタという立場から説明する．

12.1　ディジタルフィルタとは

　ここでは，ディジタルフィルタと呼ばれるものが何であるかを説明する．まず，アナログフィルタとディジタルフィルタとの差異がどのようなものであるかを説明した上で，ディジタルフィルタの分類について説明する．

12.1.1　アナログフィルタとディジタルフィルタとのちがい

　アナログフィルタは，図 12.1 に示すように，アナログ信号 $x(t)$ を直接処理し，アナログ信号 $y(t)$ を出力するシステムである．これは，抵抗 (R)，コンデンサ (C)，トランジスタや演算増幅器（オペアンプ）などを用いて構成される．図 12.1 に示すような非周期的特性を有する．

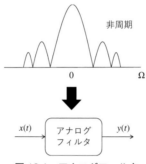

図 12.1　アナログフィルタ

　一方，ディジタルフィルタは，図 12.2 に示すように，A-D 変換器によって生成されたディジタル信号を入力とし，ディジタル信号を出力するシステムである．必要があれば，出力段にD-A 変換器を用いてアナログ信号に戻して，それを最終出力とする．このディジタルフィルタは，ディジタル加算器，乗算器，遅延器を用いて構成される．

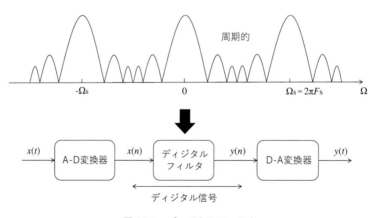

図 12.2　ディジタルフィルタ

12.1.2 ディジタルフィルタの分類：FIR フィルタと IIR フィルタ

線形時不変システムの議論においても，FIR（有限インパルス応答：Finit Inpulse Response）システムと IIR（無限インパルス応答：Infinit Inpulse Response）システムに分類されるが，ディジタルフィルタと同様にこの 2 つのシステムに分類することができる．

FIR システムとして実現するか，IIR システムとして実現するかによって，ディジタルフィルタの特徴が異なる．表 12.1 に両者のちがいをまとめて示す．実際の応用においては，これらの特徴を考慮して，まずはどちらのフィルタを用いるかを決定しなければならない．

表 12.1 FIR フィルタと IIR フィルタとの比較

	FIR フィルタ	IIR フィルタ
安定性	常に安定	注意が必要
直線位相特性	完全に実現可能	実現が困難
伝達関数の次数	高い	低い

12.1.3 振幅特性による分類

ディジタルフィルタの周波数特性 $H(e^{j\omega})$ は，極座標表現をすると，

$$H(e^{j\omega}) = A(\omega)e^{j\omega} \tag{12.1}$$

と書くことができるので，振幅特性 $A(\omega)$ と位相特性 $e^{j\omega}$ に分けて表現することができる．このフィルタの振幅特性 $A(\omega)$ のちがいによって，フィルタを分類する．信号を通過させる帯域（図 12.3 において振幅 1 となる帯域）を通過域 (pass band)，信号を遮断する帯域を阻止域 (stop band) というが，これらの配置から，

- 低域通過フィルタ (Low Pass Filter: LPF)
- 高域通過フィルタ (High Pass Filter: HPF)
- 帯域通過フィルタ (Band Pass Filter: BPF)
- 帯域阻止フィルタ (Band Reject Filter: BRF)

と分類される．

高域通過フィルタは，ディジタルフィルタが取り扱える信号の最高の周波数 $F_s/2$ に対して通過域を持つという特性を持つ．帯域通過フィルタは $F_s/2$ と直流 $(F = 0)$ に通過域がない．帯域阻止フィルタは帯域通過フィルタと逆の特性を持つ．

これらの特性は，FIR フィルタであれ IIR フィルタであれ，実現が可能である．

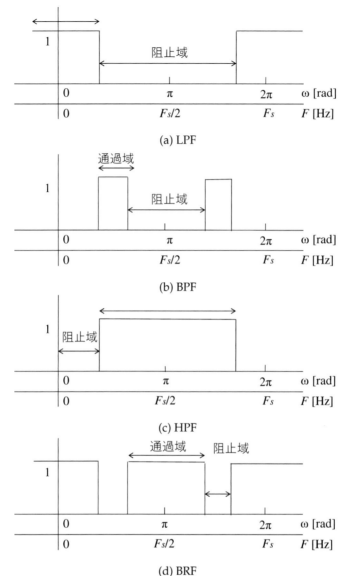

(a) LPF

(b) BPF

(c) HPF

(d) BRF

図 12.3　振幅特性によるフィルタの分類

12.1.4　位相特性による分類

　画像処理などへの応用においては，振幅特性だけでなく位相特性 $\theta(\omega)$ も重要である．そのような応用では，直線位相特性を持つ必要がある．直線位相特性とは，位相特性を角周波数 ω で微分した値

$$n_d = -\frac{d\theta(\omega)}{d\omega} \tag{12.2}$$

が定数となる特性のことである．これは，位相特性の傾き n_d（群遅延量：group delay）が図 12.4 のように一定であることを意味する．このような位相特性は，

$$\theta(\omega) = -n_d\omega - \theta_0 \tag{12.3}$$

と ω に対して直線的な特性を持つ. ただし θ_0 は任意の定数である.

　直線位相特性を持つディジタルフィルタを, 直線位相フィルタ (linear phase filter) という. この特性の実現のためには, 一般に FIR フィルタを用いる必要がある.

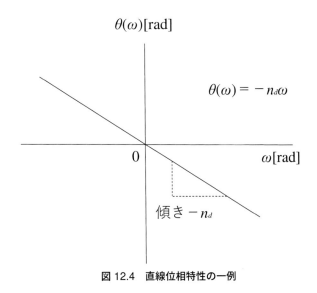

図 12.4　直線位相特性の一例

12.2　理想フィルタと実際のフィルタ

　図 12.3 の振幅特性は, 厳密な表現をすることができない. そもそも実現可能なフィルタとはどのようなものであるかを, ここでは説明する.

12.2.1　理想フィルタ

　理想フィルタは, 振幅特性と位相特性に関して, 以下に示す特徴を持つ.
- 通過域の振幅値は一定である.
- 阻止域の振幅値は零である.
- 通過域から阻止域に掛けて不連続に変化する.
- 直線位相特性を持つ.

以上の条件をすべて満足するものを理想フィルタという. 理想フィルタの振幅特性は図 12.3 に示されるようなものであり, 位相特性は図 12.4 に示されるようなものである. 実際には, 振幅特性に関する条件を満足するフィルタは実現できないため, 理想フィルタは実現不可能である. しかしながら, 理想フィルタは理論的な考察を行う場合に重要な役割を持つ.

12.2.2　実際のフィルタ

　図 12.5 に示す振幅特性を例として, 実際のフィルタ特性について説明をする. まず, 実際のフィルタは, 理想フィルタと以下の点が異なる.

133

- 通過域の振幅値は一定ではなく，通過域誤差 δ_p を持つ.
- 阻止域の振幅値は零ではなく，阻止域誤差 δ_s を持つ.
- 通過域と阻止域との間に，過渡域（あるいは遷移域）なる帯域を持つ.

また，通過域の始まる周波数を通過域端周波数 F_p，阻止域が始まる周波数を阻止域端周波数 F_r という.

理想フィルタに近いほど，すなわち通過域誤差と阻止域誤差が小さく過渡域が狭いほど，高次の伝達関数が必要となり実現が複雑となる．加えて，帯域通過フィルタおよび帯域阻止フィルタの場合では，特性を規定するために通過域端周波数と阻止域端周波数をそれぞれ 2 つ指定する必要がある.

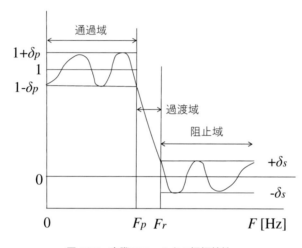

図 12.5　実際のフィルタの振幅特性

12.3　直線位相フィルタ

波形伝送や画像処理を行う際には，直線位相特性を持つフィルタを用いる必要がある．ここでは，FIR フィルタにより直線位相フィルタが容易に実現可能であることを説明する.

12.3.1　直線位相の必要性

図 12.6(c) に点線で表された信号 $y(t)$ を考える．この非正弦波信号 $y(t)$ は，図 12.6(a),(b) の 2 つの正弦波信号 $x_1(t)$ と $x_2(t)$ に分解される．第 7 章で述べたように，一般に非正弦波信号は正弦波信号の合成として表現される．また，位相特性は正弦波を入力した場合の位相 (rad) のずれを表している.

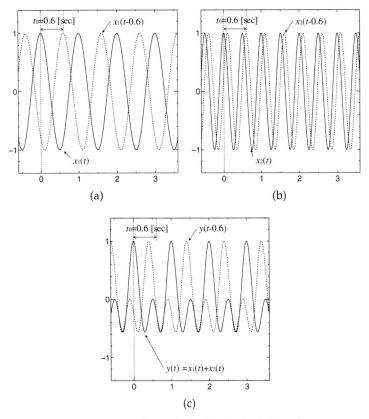

図 12.6　時間がずれた場合の信号例（一定時間 t_0）

位相ひずみ

図 12.6 における実線は，2 つの正弦波信号がフィルタ処理によって同じ時間だけずれた信号である．また，図 12.6 における破線は，その条件を満たさずに位相がずれた信号である．これらの例から，

- 正弦波のずれのちがいによって，合成される信号の形が大きく異なる
- 各正弦波が同じ時間だけずれた場合，合成される信号は，時間シフト以外のひずみは生じない

ということがわかる．図 12.6 における破線で示した例のように，位相のずれが原因で発生するひずみを位相ひずみという．直線位相特性は，この位相ひずみを回避できる特性である．

位相ひずみの回避

ここでは，直線位相特性により位相ひずみを回避できることを説明する．いま，信号 $x_1(n) = \cos(\omega_1 n)$ を周波数特性 $H(e^{j\omega}) = e^{j\theta(\omega)}$ を持つシステムに入力すると，出力信号 $y_1(n)$ は，

$$y_1(n) = \cos(\omega_1 n + \theta(\omega_1)) \tag{12.4}$$

と与えられる．式 (12.3) を式 (12.4) に代入すると，

135

$$y_1(n) = \cos(\omega_1 n + n_d\omega_1 - \theta_0) \tag{12.5}$$

となる.

ここで, 簡単のため, $\theta(\omega) = -n_d\omega$ を仮定するとき, 式 (12.5) は,

$$
\begin{aligned}
y_1(n) &= \cos(\omega_1 n - n_d\omega_1) \\
&= \cos(\omega_1(n - n_d)) \\
&= x_1(n - n_d)
\end{aligned} \tag{12.6}
$$

と整理される. この式は, 単なる n_d サンプルの時間遅延を意味し, 任意の周波数の正弦波信号に対して成り立つ. このことから, 正弦波信号の合成として与えられる信号 $y(n)$ は,

$$y_1(n) = x(n - n_d) \tag{12.7}$$

と単なる入力信号 $x(n)$ の時間遅延をしたものとなり, 位相ひずみは伴わないのである.

ここで, 図 12.7 に示すような平均処理における雑音除去を例として考える. N 点の平均処理は直線位相を持ち, 群遅延量 $n_d = (N-1)/2$ を持つ. したがって, 図 12.7 に示すような処理における時間のずれは $(N-1)/2$ サンプルとなることを確認できる.

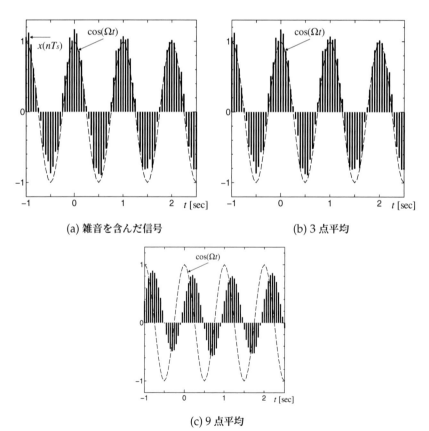

(a) 雑音を含んだ信号　　　　　　　　(b) 3 点平均

(c) 9 点平均

図 12.7　平均処理による雑音の除去例 ($F = 1\text{Hz}$, $F_s = 20\text{Hz}$)

12.3.2　直線位相フィルタ

ここでは，FIR フィルタを用いることにより，直線位相特性を容易に実現できることを述べる．

因果性を満たす FIR フィルタの伝達関数 $H(z)$ は，

$$H(z) = \sum_{n=0}^{N-1} h(n)z^{-n} \tag{12.8}$$

のように記述できる．ここで，実係数 $h(n)$ はインパルス応答である．また，$N-1$ をフィルタの次数，N をタップ数またはインパルス応答の個数という．

インパルス応答の対称性

式 (12.8) の FIR システムが直線位相を持つための必要十分条件は，そのインパルス応答が図 12.8 における 4 つの場合のいずれかの対称性を持つことである．すなわち，

1. 個数 N が奇数であり，かつ偶対称 $h(n) = h(N-n-1)$
2. 個数 N が偶数であり，かつ偶対称 $h(n) = h(N-n-1)$
3. 個数 N が奇数であり，かつ奇対称 $h(n) = -h(N-n-1)$
4. 個数 N が偶数であり，かつ奇対称 $h(n) = -h(N-n-1)$

したがって，直線位相フィルタを実現するためには，図 12.8 のいずれかの対称性を持つインパルス応答を使用すればよい．

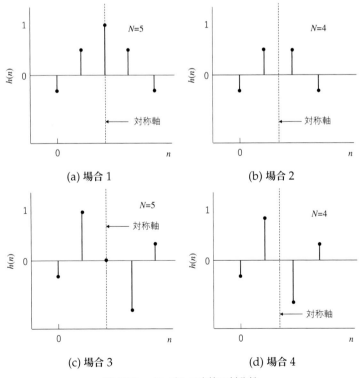

図 12.8　インパルス応答の対称性

直線位相フィルタの周波数特性

式 (12.8) の伝達関数を持つ FIR フィルタが直線位相特性を持つとき，その周波数特性

$$H(e^{j\omega}) = A(\omega)e^{j\theta(\omega)} \tag{12.9}$$

は，表 12.2 に示すように整理される．ここで，$A(\omega)$ は振幅特性，$\theta(\omega)$ は位相特性である．

このことから，まず，位相特性はインパルス応答の個数 N と対称性により決定することがわかる．次に，位相特性も，インパルス応答の対称性の影響を強く受けることがわかる．

表 12.2　直線位相フィルタの周波数特性

場合	$h(n)$	N	位相 $\theta(\omega)$	振幅 $A(\omega)$
1	偶対称	奇数	$-\omega(N-1)/2$	$\displaystyle\sum_{n=0}^{(N-1)/2} a_n \cos(\omega n)$
2	偶対称	偶数	$-\omega(N-1)/2$	$\displaystyle\sum_{n=0}^{(N-1)/2} b_n \cos(\omega(n-1/2))$
3	奇対称	奇数	$-\omega(N-1)/2 + \pi/2$	$\displaystyle\sum_{n=0}^{(N-1)/2} a_n \sin(\omega n)$
4	偶対称	偶数	$-\omega(N-1)/2 + \pi/2$	$\displaystyle\sum_{n=0}^{(N-1)/2} b_n \sin(\omega(n-1/2))$

振幅特性の制約

直線位相フィルタを使用する場合に大切な振幅特性の制約について述べる．直線位相フィルタの振幅特性は，インパルス応答の対称性により図 12.9 に示すような制約を受ける．すなわち，

1. Case 1: $\omega = \pi$ で偶対称な特性を持ち，低域フィルタ (LPF)，帯域フィルタ (BPF)，および高域フィルタ (HPF) をすべて設計できる．
2. Case 2: 奇対称な振幅特性を有する場合，HPF を設計できない．
3. Case 3: 振幅特性が奇対称でかつ $\omega = 0$ で零値である場合，LPF および HPF を設計できない．
4. Case 4: 振幅特性が $\omega = 0$ で零値である場合，LPF を設計できない．

のように場合分けできる．

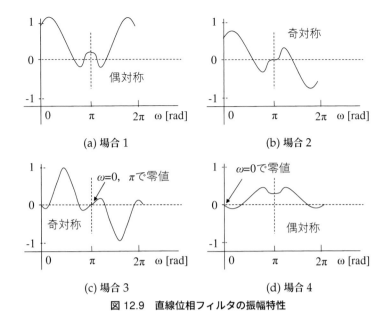

図 12.9　直線位相フィルタの振幅特性

12.3.3　窓関数による FIR フィルタの設計

　フィルタを実際に使用する場合，所望の周波数特性を持つ伝達関数を決定する必要がある．ここでは，窓関数法と呼ばれる直線位相特性を持つ FIR フィルタの伝達関数の設計法を概説する．

手順 1：所望の振幅特性を決める．

　たとえば，図 12.10(a) に示される振幅特性を実現するものと考える．

手順 2：インパルス応答を求める．

　図 12.10(a) に示される振幅特性の場合，図 12.10(a) を逆離散時間フーリエ変換し，図 12.10(b) に示すような所望の振幅特性に対応するインパルス応答 $h_d(n)$ を求める．ただし，インパルス応答 $h_d(n)$ は無限の区間に存在するため，このまま直接使用することはできない．

手順 3：N 点の窓関数 $w(n)$ を掛けて，有限な範囲で切り出す．

　直線位相を持つようにインパルス応答の対称性を考慮して，図 12.10(c) のように切り出す．しかし，このフィルタは負の時間でインパルス応答を持つため，因果性を満たしていない．

手順 4：因果性を満たすように，インパルス応答を時間シフトする．

　因果性を満たすように，非負の時間でインパルス応答が存在するように時間シフトをして，図 12.10(d) を得る．このインパルス応答を持つフィルタの振幅特性を再び計算すると図 12.10(e) のようになり，これは図 12.10(a) に近い特性が得られることがわかる．

　当然ではあるが，使用する窓関数の種類や，窓関数の大きさ N（インパルス応答の個数）によって，実現される振幅特性が異なる．

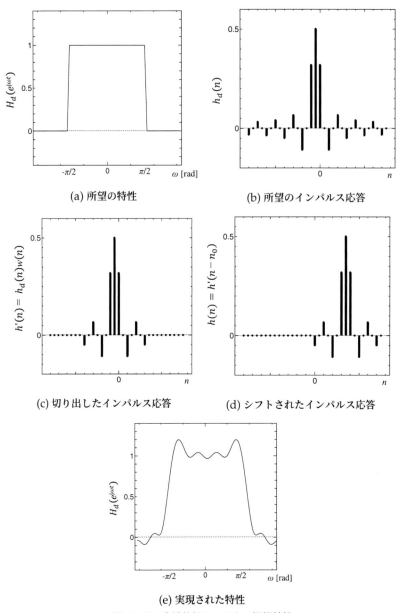

(a) 所望の特性

(b) 所望のインパルス応答

(c) 切り出したインパルス応答

(d) シフトされたインパルス応答

(e) 実現された特性

図 12.10　直線位相フィルタの振幅特性

12.4 ディジタルフィルタの構成法

ディジタルフィルタの構成には種々の方法がある．ここでは，代表的な構成法を説明する．

12.4.1 FIR フィルタ

例として，次式に示す伝達関数を考えるものとする．

$$H(z) = \sum_{n=0}^{N-1} h(n)z^{-n} \tag{12.10}$$

この伝達関数は，$N = 4$ を例にすると，図 12.11(a) のような直接型構成または図 12.11(b) のような転置型構成のように構成される．この 2 つのちがいは遅延器 z^{-1} の位置であるが，同じ入出力関係を持つことは容易に確認することができる．

また，FIR フィルタが直線位相特性を持つ場合，そのインパルス応答は対称性を持つ．その場合は約半分の乗算値が同じ値となるので，FIR フィルタの実現の際に乗算器の数を半分に低減することができる．

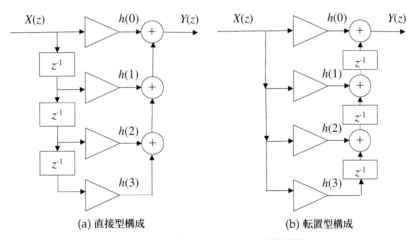

(a) 直接型構成   (b) 転置型構成

図 12.11　直線位相フィルタの振幅特性

12.4.2 IIR フィルタ

IIR フィルタの伝達装置として，

$$H(z) = \frac{\displaystyle\sum_{k=0}^{M} a_k z^{-k}}{1 + \displaystyle\sum_{k=1}^{N} b_k z^{-k}} \tag{12.11}$$

を考える．この伝達関数については，$M = N = 3$ の場合，図 12.12〜12.14 に示すような 3 種類のいずれを用いてもよい．この図 12.12 ならびに図 12.13 の構成を IIR フィルタの直接型構成，

図 12.14 を IIR フィルタの転置型構成という.

　ここで，図 12.11(a) ならびに図 12.11(b) の構成なる IIR フィルタの直接型構成が同じ特性を持つフィルタであることを示す．式 (12.11) の伝達関数を

$$H(z) = \frac{\displaystyle\sum_{k=0}^{M} a_k z^{-k}}{1 + \displaystyle\sum_{k=1}^{N} b_k z^{-k}}$$

$$= \frac{N(z)}{D(z)}$$

$$= N(z)\frac{1}{D(z)} \tag{12.12}$$

$$= \frac{1}{D(z)}N(z) \tag{12.13}$$

と書くことができる．このことは $H_1(z) = N(z)$, $H_2(z) = 1/D(z)$ なる 2 つのフィルタの縦続的構成であることを解釈できるだけでなく，$H_1(z)$ と $H_2(z)$ との順番を入れ替えることができることを意味する．その結果，2 つのフィルタは遅延器を共通に使用できることから．遅延器の個数を低減することが可能となる．

　遅延器を少なくすることができるという理由で，図 12.13 の直接型構成のほうが，図 12.12 の直接型構成と比較して広く利用されている．また，図 12.14 の転置型構成は，FIR フィルタの転置型構成と同様に遅延器の位置を移動したものである．その結果，遅延器を共通に使用することができることから，遅延器の個数を低減することができる.

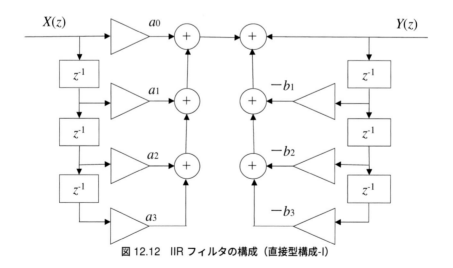

図 12.12　IIR フィルタの構成（直接型構成-I）

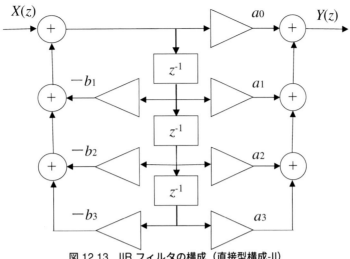

図 12.13 IIR フィルタの構成（直接型構成-II）

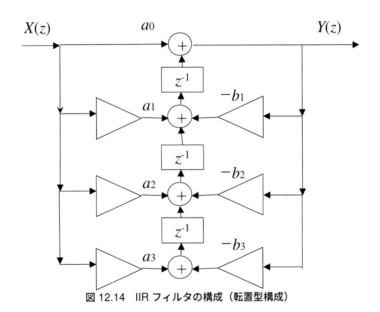

図 12.14 IIR フィルタの構成（転置型構成）

12.4.3　IIR フィルタの縦続型構成

　高次の IIR フィルタを実際に構成する場合には，ここで説明する縦続型構成が最も広く用いられている．

　式 (12.11) を 2 次の伝達関数で次式のように分解する．

$$H(z) = H_0 \prod_{k=1}^{L} \frac{a_{0k} + a_{1k}z^{-1} + a_{2k}z^{-2}}{1 + b_{1k}z^{-1} + b_{2k}z^{-2}} \tag{12.14}$$

ただし，H_0 は定数であり，L は整数である．たとえば，式 (12.11) において，$M = N = 5$ ならば $L = (N+1)/2 = 3$，$M = N = 6$ ならば $L = N/2 = 3$ である．

　この表現は，図 12.15 に示すように，2 次の伝達関数の縦続型構成として高次の伝達関数を実現できることを意味する．したがって，伝達関数の次数にかかわらず，常に 2 次の伝達関数の組合せとしてフィルタを実現することができる．

　ところで，2 次を最低次数として因数分解する理由は，実係数を一般的に維持する最低次数が 2 次であることによる．各 2 次の伝達関数は，図 12.12〜12.14 を用いて実現することができる．伝達関数を部分分数展開し，低次の伝達関数の和の形式で表現することもでき，その場合は並列型構成を与える．

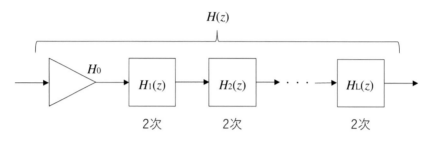

図 12.15　IIR フィルタの縦続型構成

演習問題

問題 12.1

　伝達関数 $H(z) = a + bz^{-1} + bz^{-2} + az^{-3}$ について，2 個の乗算器によるハードウェア構成図を示せ．

第 13 章

ディジタル画像の表現

ディジタル信号処理の重要な応用分野として画像処理がある．本章では，その基礎に関しての説明を行う．前章で説明したディジタルフィルタに関する記述は，この画像処理を理解する上で重要なものであり，その内容を理解しているという前提のもとで，本章では，ディジタル画像の表現と画像の周波数解析について説明する．

13.1　画像信号の表現

画像には種々の種類があり，その表現や処理方法が異なる．

13.1.1　表示条件による分類

画像を表示条件で分類すると，以下のように記述できる．

- 色や明暗に関する分類

  明暗の情報だけを持つ画像を白黒画像または濃淡画像という，また，色の情報を持つ画像はカラー画像という．
- 時間に対する変化での分類

  時間的に変化しない画像を静止画像といい，時間的に変化する画像を動画像という．
- 画像の階調の大小に関する分類

  白と黒の 2 階調を持つ画像を 2 値画像，256 階調以上の自然な連続した階調の画像を自然階調画像，それらの中間の階調を持つ画像を中間階調画像という．

13.1.2　処理手法による画像処理の分類

画像処理を処理手法で分類すると，以下のように記述できる．

- 画像圧縮

  画像情報を表すためのデータ量は，音声などと比べると通常膨大となる．一般的に画像情報には偏りがあることから，これを利用してデータ量を削減する技術が画像圧縮である．画像通信やメモリへの記憶の際に不可欠な技術である．
- 画質改善

  画質改善とは，ひずみや雑音によりダメージを受けた画像の画質を改善する技術である．
- 画像解析

  画像解析とは，与えられた画像の構造を分析して，その特徴を抽出して処理を行う技術である．これはしばしば，画像の認識・理解とも呼ばれる．

13.1.3　ディジタル画像信号

ここでは，ディジタル画像信号の表現法を説明する．

信号の次元

音声信号は 1 次元信号，静止画像は 2 次元信号，動画像は 3 次元信号といわれる．

まず，1 次元信号である音声信号 $f(t)$ について，図 13.1(a) のように図的に表現する．これは，ある時刻 t_0 を規定すると対応値 $f(t_0)$ が一意的に決まることを意味する．このことから，その値が 1 変数関数として表現できる信号を 1 次元信号という．

静止画像のような 2 次元信号は，場所 x, y の関数 $f(x, y)$ として表される．ここで関数 $f(x, y)$ のとる値は輝度値に相当するものが用いられる．カラー画像の場合であれば，RGB (Red, Green, Blue) や CMYK (Cyan, Magenta, Yellow, Key plate) の各成分が用いられる．

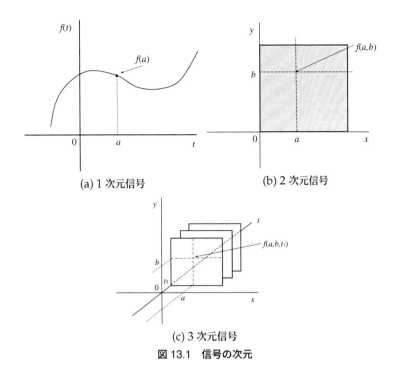

(a) 1 次元信号

(b) 2 次元信号

(c) 3 次元信号

図 13.1　信号の次元

　動画像のような 3 次元信号は，場所 x, y だけでなく時間 t も関数に加わったもので，関数 $f(x, y, t)$ として表される．フレームと呼ばれる多数の 2 次元信号を時間的に切り替えて表現する．なお，3 次元画像もしくは立体画像と呼ばれるものは，場所に関する 3 次元 x, y, z を考えたものである．

サンプリングと量子化

　ディジタル画像信号は，その基となるアナログ信号をサンプリングし，さらに量子化することで生成される．

　静止画像を例にとると，場所 x, y についてサンプリングすることで，画素 (pixel) と呼ばれる点の集まりとし，各画素における関数の値を量子化することでディジタル画像が表現される．縦と横との画素数をそれぞれ示すことにより，ディジタル画像のサイズを表すことがあり，その画素数を解像度ともいう．たとえば，4K と呼ばれるディスプレイのサイズは 3840×2160 である[1]．

　サンプリングされた各画素は量子化され，有限なビット数の値で表現される．濃淡画像であれば 8bit（256 階調）で表されることが多く，プリンタなどで表示するために 1bit（白黒 2 階調）で表現することもある．

　カラー画像であれば，赤 (Red)，緑 (Green)，青 (Blue) の 3 原色 (RGB) を用いて表現することができることから，カラー画像は R,G,B の信号に対応する 3 枚の画像に分離される．この分

1　テレビ放送やテレビ受像機などのような 4K UHD では 384×2160 画素であるが，映画やカメラで用いられる DCI 4K は 4096×2160 であり，いずれにしても横方向の画素数は 4K=4000 前後の値であるため，そのような呼び方となっている．なお K は SI 接頭語のキロである．

147

離された R,G,B に関する 3 枚の各画像の画素がそれぞれ 8bit に量子化されている場合，その画像をフルカラー画像という[2].

13.2　画像処理：階調濃度の変換

　ここでは，濃淡画像に対する階調濃度の変換として，明るさの増加，明るさの減少，ネガポジ変換について示す.

　階調数削減とは，プリンタで印刷を行う際に，プリンタが持ち合わせている色（シアン：C，マゼンタ：M，イエロー：Y）で印刷可能となるようにフルカラー画像（一般的に 1677 万色といわれる）を 8 色にする処理である. また，濃淡画像（白から黒まで 256 階調の画像）の場合であれば白と黒の 2 階調に削減する処理である.

　図 13.2(a) は 256 階調の濃淡画像であり，映像情報メディア学会の "ITE 標準絵柄-ヘアーバ

(a) 原画像　　　　　　　　　　　(b) 明るさを増加 (+50)

(c) 明るさを増加 (−50)　　　　　　(d) ネガポジ変換

図 13.2　画像の階調濃度変換

2　カラー画像の表現において必ずしも RGB の 3 原色である必要はなく，目的に応じて YIQ や YC_bC_r などで表現することもある.

ンドの女性″ある．この濃淡画像においては各画素 0 ～ 255 の値をとり，黒が 0 である．

図 13.2(b) は各画素の値に 50 を加えたものであり，255 を超える場合は 255 にしている．

$$g(x, y) = \begin{cases} 255 & (f(x, y) + 50 \geq 255) \\ f(x, y) + 50 & \text{(otherwize)} \end{cases} \tag{13.1}$$

この場合は原画像と比較すると明るい画像となっている．

図 13.2(c) は各画素の値から 50 を減じたものであり，負数になった場合でも 0 にしている．

$$g(x, y) = \begin{cases} 0 & (f(x, y) - 50 \leq 0) \\ f(x, y) - 50 & \text{(otherwize)} \end{cases} \tag{13.2}$$

この場合は原画像と比較すると暗い画像となっている．

図 13.2(d) は 255 から各画素の値を減じたものである．

$$g(x, y) = 255 - f(x, y) \tag{13.3}$$

原画像において白い部分が黒く表現され，原画像において黒い部分が白く表現されており，白黒が反転していることがわかる．このことからネガポジ変換と呼ばれることがある．なお，このような階調濃度の変換にはこれ以外にもさまざまな方法があり，所望の画質が得られるような変換を用いることが重要である．

13.3　画像処理：画像の2値化

たとえば，プリンタに画像を印刷させる際には，カラー印刷の場合，シアン (C)，マゼンタ (M)，イエロー (Y)，墨 (K) なる 4 色のインクもしくはトナーによって表現するため，これらの色が表示される点の密度を調節することによって，原画像の色に近い表現となるようにしている．そのための画像処理として，画像の 2 値化について説明する．ここでは，簡単のため，白と黒だけで構成された画像（白黒 2 値画像）にする．

濃淡画像は 256 階調（0～255 の整数）となっている．図 13.4(b) は各画素における階調濃度が 127 以下であれば 0，128 以上であれば 255 となるように 2 値化したものである．つまり，

$$g(x, y) = \begin{cases} 255 & (f(x, y) \geq 128) \\ 0 & （それ以外） \end{cases} \tag{13.4}$$

の処理を行ったものである．これだと白と黒の中間的な部分をうまく表現できていないことがわかる．

図 13.4(c) はディザ法により 2 値化した画像である．これは画像を 4×4 画素のブロックに分割して，そのブロック内において図 13.3 で示されるディザ行列のように閾値を変化させたものである．これは，見かけ上，原画像に周期的な雑音を重畳させて 2 値化したものと見なすことができるため，白と黒との中間的な部分による表現が改善され，グレーに見えるようになっている．しかしながら，このディザ法による 2 値画像だと輪郭の部分がぼけて見えるという問題などがある．

0	8	2	10
12	4	14	6
3	11	1	9
15	7	13	5

図 13.3　ディザ行列

　図 13.4(d) は誤差拡散法と呼ばれる 2 値化の手法を用いたものである．これは，2 値化をする際に発生した誤差 $\Delta(x, y) = f(x, y) - g(x, y)$ を量子化されていない画素へ繰り込む方式である．この処理を行うことで輪郭の部分がより明確に表現され，白と黒との中間的な部分におけるノイズのように感じられる現象も緩和されていることがわかる．

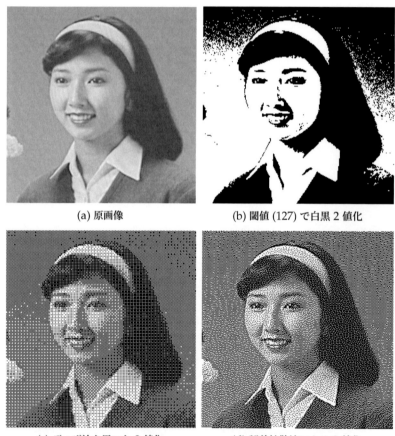

(a) 原画像　　　　　　　　　(b) 閾値 (127) で白黒 2 値化

(c) ディザ法を用いた 2 値化　　　(d) 誤差拡散法による 2 値化

図 13.4　画像の 2 値化処理

13.4　画像のフィルタ処理

　ここでは画像に対してフィルタ処理を行った例について述べる．フィルタ処理には，ぼかし，尖鋭化などの処理がある．図 13.5 は画像の処理として，ぼかしや尖鋭化などに関する結果を示

している．ここで原画像は図 13.2(a) である．

(a) ぼかし

(b) x 軸方向に関する階調濃度の変化

(c) 輪郭流出

(d) 輪郭の尖鋭化

図 13.5　画像処理の例（原画像は図 13.2(a)）

　図 13.5(a) は画像のぼかしをした例である．これはしわの除去などを目的とした処理の原理となるものである．

$$g(x, y) = \sum_{i=-1}^{1} \sum_{j=-1}^{1} f(x + i, y + j)t(i, j) \tag{13.5}$$

と表現され，フィルタ行列である $t(i, j)$ は

$$t(i, j) = \frac{1}{9} \begin{pmatrix} 1 & 1 & 1 \\ 1 & 1 & 1 \\ 1 & 1 & 1 \end{pmatrix} \tag{13.6}$$

としている．このぼかし処理は周辺画素との平均値を求めることによる方法であるが，このフィルタ行列の要素数や値を変化させることで，ぼかしの度合いを変化させることもできる．

　図 13.5(b) は画像の x 軸方向における階調濃度変化がある部分を黒くなるようにしたもので

ある.

$$g(x, y) = 255 - |f(x, y) - f(x + 1, y)| \tag{13.7}$$

輪郭となる部分は階調濃度が大きく変化するので，階調濃度に関する微分をとればよいように思われるが，これでは十分な輪郭抽出がなされてるとはいえない.

図 13.5(c) は画像のラプラシアン（x 軸方向および y 軸方向における 2 階偏微分）をとったものである.

$$\begin{aligned} g(x, y) &= \nabla^2 f(x, y) \\ &= \sum_{i=-1}^{1} \sum_{j=-1}^{1} f(x + i, y + j) t(i, j) \end{aligned} \tag{13.8}$$

と表現され，フィルタ行列である $t(i, j)$ は

$$t(i, j) = \begin{pmatrix} 0 & 1 & 0 \\ 1 & -4 & 1 \\ 0 & 1 & 0 \end{pmatrix} \tag{13.9}$$

である. この場合だと，輪郭抽出がなされているといえる. この処理をベースとした輪郭線抽出の後，パターン認識を行うという場合もある.

図 13.5(d) は図 13.2(a) の輪郭をシャープに見えるように処理したものである. これは図 13.2(a) に図 13.5(c) をあわせたものとみることができる.

このような輪郭抽出は，ぼけた画像から輪郭の部分を明瞭にするためであったり，塗り絵のための画像を生成したりするために有効とされる. またぼかしはしみやしわを除去したり，ある一定の情報が特定されないようにしたりするための処理などで用いられる.

演習問題

問題 13.1

次のような 4×4 画素で 8bit のデータが図 13.6 のようにある. 以下の問に答えよ.

(1) 図 13.6 におけるヒストグラムを示せ.

(2) 図 13.6 のネガポジ画像はどのようなデータになるか示せ.

(3) 図 13.3 に示すディザ行列を用いる場合，図 13.6 がディザ法を掛けた場合にどのような結果となるか示せ. ただし，図 13.3 のディザ行列は 4bit でできていることに注意せよ.

20	90	165	250
20	90	165	250
20	90	165	250
20	90	165	250

図 13.6　問題 13.1 のデータ

章末問題の略解

第1章

問題 1.1
画像の幾何学的形状の変形は，座標系に拡大・縮小・回転を加えることで実現可能である．たとえば眼だけ大きく見せるためには，眼の中心部分に原点をおき，眼が存在する領域だけ拡大できるように座標系を置き換えればよい．

問題 1.2
画像の尖鋭化を行う場合，輪郭となる部分が強調されるという長所があるとともに，ごま塩雑音などのような雑音も強調されるという短所がある．

画像のぼかしを行う場合，ごま塩雑音などのような雑音が低減されるという長所があるとともに，輪郭となる部分がぼけてしまうという短所がある．

問題 1.3
人間の可聴音は 20Hz～20kHz であるとされている．その上限である 20kHz の 2 倍以上である 44.1kHz であれば，サンプリング定理により 20kHz の音声信号を復元可能とされるためである．

第2章

問題 2.1
(1) $A = 1$, $\theta = \dfrac{-\pi}{3}$, (2) $A = \sqrt{(1 + \cos\dfrac{-\pi}{3})^2 + \sin^2\theta} = \dfrac{\sqrt{15}}{2}$, $\theta = \tan^{-1}\dfrac{2}{3}$,

(3) $A = \dfrac{\sqrt{(x^2 - 9)^2 + 36x^2}}{x^2 + 9}$, $\theta = \dfrac{6x}{(x^2 - 9)}$, (4) $A = \sqrt{R^2 + \left(\omega L - \dfrac{1}{\omega C}\right)^2}$, $\theta = \dfrac{\omega^2 LC - 1}{\omega CR}$

問題 2.2
(1) $\theta = \dfrac{\pi}{3}$, π, (2) $\dfrac{-5}{18}$

問題 2.3
(1) 0, (2) $\dfrac{1}{4}$, (3) 0 （$y = 1/x$ とおいて解くとよい）, (4) 0

問題 2.4
(1) $2x$, (2) $\dfrac{-3x^2 + 2x - 15}{(x^2 - 5)^2}$, (3) $\dfrac{4t}{(t^2 + 1)^2}$, (4) $-\dfrac{3}{2x^3\sqrt{x}}$, (5) $-3\cos(2 - 3x)$,

(6) $\dfrac{1}{\cos^2(x - 2)}$, (7) $2e^{2x+5}$, (8) $e^{3x}(3\cos(2x + 1) - 2\sin(2x + 1))$,

(9) $\dfrac{5^x}{\log_e 5}$ （両辺の対数をとり，陰関数の微分による）

問題 2.5
ここでは C を積分定数とする．

(1) $\dfrac{1}{2}x^4 + x^3 - 2x^2 + 5x + C$, (2) $\dfrac{3}{4}\sqrt[3]{(2x+3)^2} +$, (3) $\dfrac{1}{2}\sin(4x+1) + \dfrac{1}{2}\cos 2x + C$,

(4) $e^x - \dfrac{1}{3}e^{-3x} + C$, (5) $\dfrac{1}{2}\tan 2x - x + C$, (6) $\dfrac{a}{a^2+b^2}e^{ax}\sin bx - \dfrac{b}{a^2+b^2}e^{ax}\cos bx + C$

問題 2.6
(1) $-\dfrac{20}{3}$, (2) $\dfrac{14}{3} + 2\log 2$, (3) $1 - \dfrac{\sqrt{3}}{4}$, (4) 0, (5) $\dfrac{\pi}{6}$, (6) $\dfrac{\pi}{6\sqrt{3}}$

問題 2.7
(1) $\dfrac{1}{1-z^{-1}}$ ただし $|z^{-1}| < 1$, (2) $\dfrac{3}{4}$

問題 2.8
(1) $1 - \dfrac{x^2}{2!} + \dfrac{x^4}{4!} - \cdots$, (2) $x - \dfrac{x^3}{3!} + \dfrac{x^5}{5!} - \cdots$, (3) $x - \dfrac{x^2}{2} + \dfrac{x^3}{3} - \cdots$

第 3 章

問題 3.1
以下の解図のようになる.

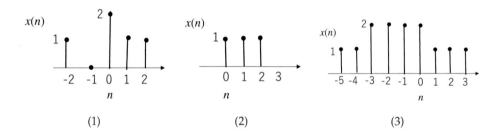

| (1) | (2) | (3) |

問題 3.2
$$T_s = \dfrac{1}{F_s} = 2.27 \times 10^{-5}\mathrm{sec}$$

このサンプリング周波数である 44.1kHz はオーディオにおいて広く用いられるものである.

問題 3.3
　実際に取り扱うアナログ信号には雑音をはじめとした周波数帯の異なる成分が多く含まれることから，処理のために必要な成分を抽出するために，アナログフィルタを用いる.

第 4 章

問題 4.1
(1) 線形性を満たさない. 時普遍性を満たす.

(2) 線形性を満たす. 時普遍性を満たさない.

(3) 線形性を満たす. 時普遍性を満たさない.

問題 4.2

以下に示す解図のようになる.

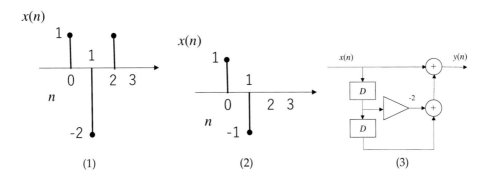

第 5 章

問題 5.1

(1) $X(z) = z^2 + 3 - 2z^{-1}$

(2) $X(z) = \dfrac{1}{1 - z^{-1}} + \dfrac{2z^{-1}}{1 - z^{-1}} = \dfrac{1 + 2z^{-1}}{1 - z^{-1}}$

(3) $X(z) = -b^{-1}z - b^{-2}z^2 - b^{-3}z^3 - \cdots = \dfrac{-b^{-1}z}{1 - b^{-1}z} = \dfrac{1}{1 - bz^{-1}}$

(4) $x(n) = \dfrac{e^{j\omega n} - e^{-j\omega n}}{2j} u(n)$

と書き換えることができるので

$$X(z) = \frac{1}{2j(1 - e^{j\omega}z^{-1})} - \frac{1}{2j(1 - e^{-j\omega}z^{-1})} = \frac{(1 - e^{-j\omega}z^{-1}) - (1 - e^{j\omega}z^{-1})}{2j(1 - e^{-j\omega}z^{-1})(1 - e^{j\omega}z^{-1})}$$

$$= \frac{e^{j\omega}z^{-1} - e^{-j\omega}z^{-1}}{2j(1 - (e^{j\omega}z^{-1} + e^{-j\omega}z^{-1}) + z^{-2})} = \frac{\sin(\omega)z^{-1}}{1 - 2\cos(\omega)z^{-1} + z^{-2}}$$

問題 5.2

(1) $Y(z) = aX(z) + bX(z)z^{-d}$

(2) $Y(z) = \displaystyle\sum_{n=-\infty}^{\infty} (-1)^n x(n) z^{-n} = \sum_{n=-\infty}^{\infty} x(n)(-z)^{-n} = X(-z)$

第 6 章

問題 6.1

(1) べき級数展開法を用いる.

$$x(n) = \delta(n + 2) + \delta(n) + 2\delta(n - 2)$$

(2) べき級数展開法を用い，$X(z)$ を等比級数の和の表現とする．

$$X(z) = \sum_{n=0}^{\infty} (0.5z^{-1})^n$$

と書けるため

$$x(n) = 0.5^n u(n)$$

(3) 部分分数分解法が既に用いられている．

$$x(n) = 2(0.5)^n u(n-1) + u(n)$$

(4) 部分分数分解法を用いる．

$$X(z) = \frac{-1}{1 - 0.5z^{-1}} + \frac{2}{1 - z^{-1}}$$

と書けるため

$$x(n) = -(0.5)^n u(n) + 2u(n)$$

問題 6.2

(1)　$Y(z) = X(z) + aX(z)z^{-1} + bX(z)z^{-2} = (1 + az^{-1} + bz^{-2})X(z)$

と書けることから，伝達関数 $H(z)$ は

$$H(z) = \frac{Y(z)}{X(z)} = 1 + az^{-1} + bz^{-2}$$

であるため，ハードウェア構成は下図のようになる．

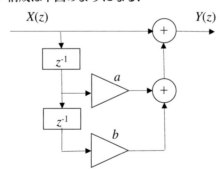

(2)　$Y(z) = X(z) + aX(z)z^{-1} + bY(z)z^{-2} = (1 + az^{-1})X(z) + bz^{-2}Y(z)$

と書けることから，伝達関数 $H(z)$ は

$$H(z) = \frac{Y(z)}{X(z)} = \frac{1 + az^{-1}}{1 - bz^{-2}}$$

であるため，ハードウェア構成は下図のようになる．

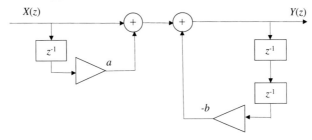

(3)　$Y(z) = X(z) + aY(z)z^{-1} + bY(z)z^{-2} = X(z) + (az^{-1} + bz^{-2})Y(z)$

と書けることから，伝達関数 $H(z)$ は

$$H(z) = \frac{Y(z)}{X(z)} = \frac{1}{1 - az^{-1} - bz^{-2}}$$

であるため，ハードウェア構成は下図のようになる．

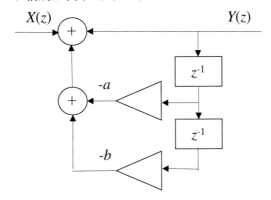

問題 6.3

(1) まず周波数特性について，z として $e^{j\omega}$ を代入すると，

$$H(e^{j\omega}) = (1 + 2e^{-j\omega} + e^{-2j\omega}) = 2e^{-j\omega}(1 + \cos(\omega))$$

と書けるので

$$A(e^{j\omega}) = 2(1 + \cos(\omega))$$

$$\theta(e^{j\omega}) = -\omega$$

である．

　この伝達関数は，

$$H(z) = 1 + 2z^{-1} + z^{-2} = (1 + z^{-1})^2 = \frac{(1 + z)^2}{z^2}$$

と書けることから，極は 0 の重根であり，安定なシステムである．

(2) まず伝達関数は

$$H(z) = \frac{1 + 2z^{-1}}{2 + z^{-1}} = \frac{1 + 2z^{-1}}{z^{-1}(1 + 2z)}$$

周波数特性について，z として $e^{j\omega}$ を代入すると，

$$H(e^{j\omega}) = \frac{1 + 2e^{-j\omega}}{e^{-j\omega}(1 + 2e^{j\omega})}$$

と書けるので

$$A(e^{j\omega}) = \frac{\sqrt{(1 + 2\cos(\omega))^2 + (2\sin(\omega))^2}}{|e^{-j\omega}|\sqrt{(1 + 2\cos(\omega))^2 + (2\sin(\omega))^2}} = 1$$

$$\theta(e^{j\omega}) = \tan^{-1}\frac{2\sin(\omega)}{1 + 2\cos(\omega)} - \tan^{-1}\frac{-2\sin(\omega)}{1 + 2\cos(\omega)} + \omega$$

$$= 2\tan^{-1}\frac{2\sin(\omega)}{1 + 2\cos(\omega)} + \omega$$

である．

　この伝達関数から，極は $1/2$ であり，安定なシステムである．

第7章

問題 7.1

(1) $\displaystyle X(\omega) = \sum_{n=-\infty}^{\infty} x(nT)e^{-j\omega nT} = \sum_{n=-\infty}^{\infty} \delta(nT)e^{-j\omega nT} = 1$

(2) $\displaystyle X(\omega) = \sum_{n=-\infty}^{\infty} \{u(nT) - u(nT - NT)\} = \sum_{n=0}^{N-1} e^{-j\omega nT} = \frac{1 - e^{-jm\omega NT}}{1 - e^{-j\omega T}}$

$$= \frac{\sin 2\omega}{\sin \dfrac{\omega}{2}} \exp\left(-j\frac{\omega T - j(N-1)}{2}\right)$$

問題 7.2

(a) $\displaystyle X(j\omega) = \left(\frac{\sin \dfrac{2\omega t}{3}}{\sin \dfrac{\omega t}{3}}\right)^2$

(b) $\displaystyle X(j\omega) = \left(\frac{\sin \dfrac{2\omega t}{3}}{\sin \dfrac{\omega t}{3}}\right)^2 e^{-j2\omega t}$

(c) $\displaystyle X(j\omega) = \left(\frac{\sin 3\omega t}{\sin \omega t}\right)^2 e^{-j4\omega t}$

問題 7.3

$f_s > 3\text{kHz}$

第 8 章

問題 8.1

−6dB　（常用対数表から $\log_{10} 2 \fallingdotseq 0.301$ なので $\log_{10} 2$ を 0.3 とみなしている）

問題 8.2

$C = \dfrac{1}{2\pi f R} \fallingdotseq 1.6 \times 10^{-6}\mathrm{F}$ となるので $1.6\mu\mathrm{F}$ である.

問題 8.3

$C = \dfrac{1}{4\pi^2 f^2 L} \fallingdotseq 2.53 \times 10^{-12}\mathrm{F}$ となるので $2.53\mathrm{pF}$ である.

問題 8.4

$$I = \left(\frac{V}{R} + \frac{R}{j\omega L} + j\omega C \right) V$$

第 9 章

問題 9.1

$$
\begin{pmatrix} W^0 & W^0 & W^0 & W^0 \\ W^1 & W^2 & W^3 & W^4 \\ W^2 & W^4 & W^6 & W^8 \\ W^3 & W^6 & W^9 & W^12 \end{pmatrix}
\begin{pmatrix} x[0] \\ x[1] \\ x[2] \\ x[3] \end{pmatrix}
=
\begin{pmatrix} 1 & 1 & 1 & 1 \\ W^1 & W^2 & W^3 & W^4 \\ W^2 & W^4 & W^6 & W^8 \\ W^3 & W^6 & W^9 & W^{12} \end{pmatrix}
\begin{pmatrix} 1 \\ 1 \\ 0 \\ 1 \end{pmatrix}
=
\begin{pmatrix} 3 \\ 1 \\ -1 \\ 1 \end{pmatrix}
$$

問題 9.2

$$
X(k) = \begin{cases} -jN/2 & (k = 3) \\ jN/2 & (k = N - 3) \\ 0 & （それ以外） \end{cases}
$$

第 10 章

問題 10.1

下図のようになる.

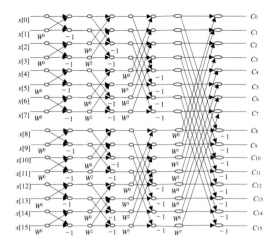

第 11 章

問題 11.1

　下図 (b),(c) を得る．窓長が短いと，メインローブが近接スペクトルを含んでしまい，スペクトルの分離ができないことがわかる．また，サイドローブが大きいと，小さな値のスペクトルを検知することができない．

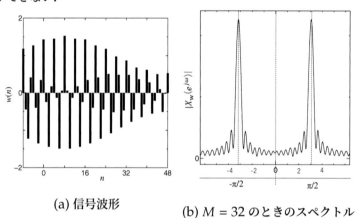

(a) 信号波形 　　　　　(b) $M = 32$ のときのスペクトル

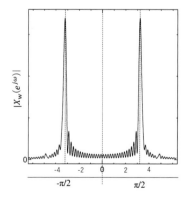

(c) $M = 64$ のときのスペクトル

第12章

問題 12.1

下図のようになる.

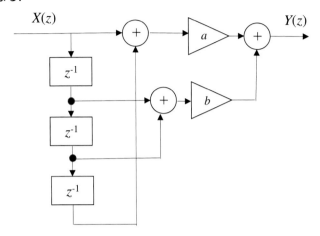

第13章

問題 13.1

下図のようになる.

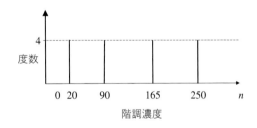

(1) ヒストグラム

235	165	90	5
235	165	90	5
235	165	90	5
235	165	90	5

(2) ネガポジ画像

255	0	255	255
0	255	0	255
0	0	255	255
0	0	0	255

(3) ディザ法による 2 値画像

8	136	40	168
200	72	232	104
56	184	24	152
248	120	216	88

(3′) ディザ法における閾値（図 13.3 の値に 16 を掛けて 8 を足している）

参考文献

[1]   樋口龍雄，川又政征：『ディジタル信号処理』，昭晃堂（2000）

[2]   前田肇：『信号システム理論の基礎』，コロナ社（1997）

[3]   貴家仁志：『ディジタル信号処理』，オーム社（2014）

[4]   金城繁徳，尾知博：『例題で学ぶディジタル信号処理』，コロナ社（1997）

索引

著者紹介

田中 賢一 （たなか けんいち）

1969年7月	宮崎県生まれ
1990年3月	国立都城工業高等専門学校電気工学科卒業
1992年3月	九州工業大学工学部電気工学科卒業
1994年3月	九州工業大学大学院工学研究科博士前期課程修了

九州工業大学工学部助手などを経て，現在，長崎総合科学大学共通教育部門教授．

博士（工学）（九州工業大学）
電子情報通信学会，映像情報メディア学会，画像電子学会，各会員
IEEE Senior Member
画像処理，ホログラフィ，機械学習，教育工学などの研究に従事．

◎本書スタッフ
編集長：石井 沙知
編集：石井 沙知・山根 加那子
組版協力：阿瀬 はる美
表紙デザイン：tplot.inc 中沢 岳志
技術開発・システム支援：インプレス NextPublishing

●**本書の内容についてのお問い合わせ先**
近代科学社Digital　メール窓口
kdd-info@kindaikagaku.co.jp
件名に「『本書名』問い合わせ係」と明記してお送りください。
電話やFAX、郵便でのご質問にはお答えできません。返信までには、しばらくお時間をい
ただく場合があります。なお、本書の範囲を超えるご質問にはお答えしかねますので、あ
らかじめご了承ください。

初学者のための ディジタル信号処理

2024年3月31日　初版発行Ver.1.0

著　者　田中 賢一

発行人　大塚 浩昭

発　行　近代科学社Digital

販　売　株式会社 近代科学社

　　　　〒101-0051

　　　　東京都千代田区神田神保町1丁目105番地

　　　　https://www.kindaikagaku.co.jp

印刷・製本　京葉流通倉庫株式会社

Printed in Japan

ISBN978-4-7649-0689-1

近代科学社 **Digital** は、株式会社近代科学社が推進する21世紀型の理工系出版レーベルです。デジタルパワーを積極活用することで、オンデマンド型のスピーディでサステナブルな出版モデルを提案します。

近代科学社 Digital は株式会社インプレス R&D が開発したデジタルファースト出版プラットフォーム "NextPublishing" との協業で実現しています。